Petra Krivy &
Angelika Lanzerath

So geht's nicht weiter!

Unarten effektiv beheben

Müller Rüschlikon

Impressum

Einbandgestaltung: R 2 I Ravenstein, Verden
Titelbild: fotolia.com/security dog © Enrico De Vitav
Bildnachweis: Bildnachweis: ©butch/fotolia.com: S. 32; ©dzain/fotolia.com: S. 3; ©fotolia/fotolia.com: S. 34; Uschi Frohn: S. 2, 10, 47, 49, 55, 58, 76; Fotolia@Friedrich Harth: S. 10; Anke Jurrack: S. 42; Petra Krivy: S. 8, 13, 14, 21, 25, 26, 44, 45; Angelika Lanzerath: S. 3, 11, 28, 29, 37, 43, 46, 50, 59, 60, 62, 64, 67, 68, 71, 72, 73, 74, 75, 83, 85, 86; Hartmut Paulus: S. 20, 27, 65; Oliver Pohl: S. 4, 5, 6, 7, 9, 12,17, 18, 21, 22, 23, 24, 25, 30, 31, 35, 39, 41, 48, 51, 53, 54, 56, 57, 58, 61, 62, 63, 64, 66, 69, 70, 71, 74, 77, 78, 69, 81, 82, 83, 84, 88, 89, 91, 92; Jürgen Zöller: S. 8, 15, 16, 19, 47, 52

ISBN 978-3-275-02083-6

Postfach 103743, 70032 Stuttgart
Ein Unternehmen der Paul Pietsch Verlage GmbH & Co. KG
Lizenznehmer der Bucheli Verlags AG, Baarerstr. 43, CH-6304 Zug

1. Auflage 2017

Sie finden uns im Internet unter **www.mueller-rueschlikon-verlag.de**

Lektorat: Claudia König
Innengestaltung: Petra Pawletko
Druck und Bindung: Graspo CZ, 76302 Zlin
Printed in Czech Republic

Inhalt

Zum Geleit

Viel zu oft werden Probleme im Umgang mit dem Hund nach dem Schema »Ignorieren und/oder positiv Wegkonditionieren« angegangen oder durch massive Sanktionen eher verstärkt. Dazu steigt die Zahl derjenigen stetig an, die dem Begriff »Problemhundeberater« eine völlig neue Bedeutung verleihen: Man mache einen Wochenendkurs, berate dann Menschen und sorge dafür, dass diese danach Probleme mit Hunden bekommen! Ein fundiertes verhaltensbiologisches Hintergrundwissen wird bei all dem Tun dieser »Experten« natürlich abgelehnt, denn Wissenschaft hat den Ruf kalt, arrogant, elitär und tierschutzwidrig zu sein – und kompliziert ist sie außerdem. Wie wohltuend ist es da, dieses Buch zu haben, in dem zwei sehr erfahrene Hundetrainerinnen zunächst immer den biologischen Hintergrund hundlichen Tuns, Treibens und Lassens ansprechen, und zwar auf eine Art und Weise, dass auch der Laie es versteht! Danach kommen dann die BRAUCHBAREN Tipps, wie der Hundehalter den Anfängen wehren kann, OHNE den Hund dabei in seiner Natur als soziales Lebewesen zu schädigen, welche auf der jahrzehntelangen Praxis der Autorinnen basieren.

Das vorliegende Buch kann allen, die sich mit Hunden beschäftigen, wärmstens empfohlen werden, und man kann nur eine ganz weite Verbreitung wünschen.

Und wenn Sie, liebe Käufer/innen, es dann sogar auch noch lesen, hat es endgültig seinen Zweck erfüllt – und Ihr Hund, genauso wie Ihre Mitmenschen, werden es Ihnen danken!

Viel Spaß dabei wünscht

PD Dr. Udo Gansloßer

Einleitung

»Man kann auch ohne Hund leben, aber es lohnt sich nicht.«
Dieses Zitat von Heinz Rühmann mag für Menschen, die keinen Bezug zum Hund haben, etwas befremdlich klingen. Doch für den Tierfreund, speziell den Hundeliebhaber, ist klar, was Rühmann ausdrücken wollte, wenn auch die rigorose Ausschließlichkeit des Gesagten zumindest diskussionswürdig wäre.

Zweifelsohne bereichern Hunde unser Leben, und das Zusammenleben mit ihnen beinhaltet eine Vielzahl positiver Aspekte. Dennoch gibt es im tagtäglichen Miteinander hier und dort Verhaltensweisen des Vierbeiners, die den Halter zum Haareraufen veranlassen und für unangenehme bis peinliche Situationen sorgen. Damit sind keinesfalls grundsätzlich offensichtliche Problemverhaltensweisen gemeint, denn darum geht es in diesem Buch nicht. Vielmehr beschäftigen sich die nachfolgenden Seiten mit den diversen »alltagsüblichen« Unarten und Marotten des vierbeinigen Familienmitgliedes, die mehr oder weniger ausgeprägt in jedem Haushalt vorkommen können.

Obwohl das Auftreten von Unarten meist Hand in Hand geht mit Versäumnissen in der Grunderziehung, so gibt es durchaus auch fast perfekt erzogene Hunde mit einwandfreiem Grundgehorsam, die dennoch in bestimmten Bereichen dezent bis penetrant ihren »Tick«

Als könnten sie kein Wässerchen trüben ... – dennoch treibt einen Hundebesitzer so manch eine Verhaltensweise des vierbeinigen Familienmitglieds an den Rand der Verzweiflung.

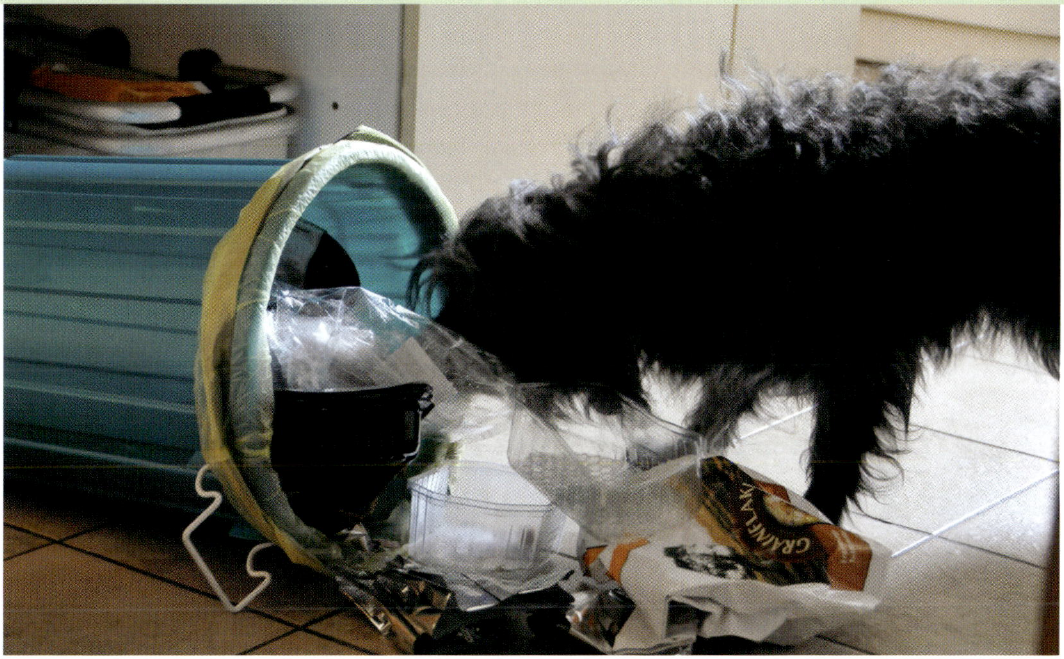

Für manche Hunde eine Überlebensstrategie, bei anderen wiederum eine unliebsame Marotte: Das Ausräumen von Mülleimern auf der Suche nach Fressbarem.

ausleben und Unarten an den Tag legen. Doch kann die Marotte des einen Hundes eine erlernte Lebensstrategie des anderen Hundes sein. Räumt der als Welpe ins Haus gekommene Hund auch im Erwachsenenalter systematisch den Mülleimer aus, so sehen wir uns sicherlich mit einer Unart konfrontiert, der erzieherisch tabuisierend begegnet werden sollte. Räumt der aus südlichen Ländern »gerettete« Tierschutzhund auf der Suche nach Fressbarem die Biotonne oder den Vorrat auf, so demonstriert dieser Vierbeiner seine bisher erfolgreich absolvierten Überlebenskünste, und er wird erst einmal verstehen lernen müssen, dass diese Maßnahmen nicht nur unerwünscht im neuen Zuhause sind, sondern auch überflüssig. Die Antriebsmotivationen vermögen hier ähnlich, aber auch sehr unterschiedlich sein, und die erforderlichen Maßnahmen zur Regulierung des Verhaltens ebenfalls nicht in allen Teilen gleich.

Ursachenforschung, genaue Analyse des Verhaltens und Kenntnis über den individuellen Charakter des Hundes, dessen Bestrebungen und seine psychische Situation sind ebenfalls wichtig, um Verhaltenskorrekturen sinnvoll und erfolgsversprechend ansetzen zu können, bei kleineren Unarten bereits ebenso, wie unbedingt bei ausgeprägterem Problemverhalten.

Was ist eine Unart?

Die Einstufung eines Verhaltens als »Unart« entspringt aber auch einer subjektiven Definition des zugehörigen Menschen. Da, wo Dritte

»Eigentlich bettelt er ja nicht, er ist es nur gewöhnt, einen Bissen zu bekommen.« Die Bewertung eines Verhaltens unterliegt der individuellen Sichtweise.

weder belästigt noch geschädigt werden, ist dagegen auch nichts einzuwenden. So vermag der brillant erzogene und zuverlässig ausgebildete Hund mit allen absolvierten Gehorsamsprüfungen sehr wohl ein »Bettler vor dem Herrn« zu sein, wenn sich die Familie zu Tisch begibt. Ist er es gewohnt, dort sein Häppchen zu erhalten, so wäre es eher ungewöhnlich und würde womöglich auf eine momentane Unpässlichkeit hindeuten, wenn er seinen Posten am Esstisch nicht mit völliger Selbstverständlichkeit beziehen würde. Doch was vom zugehörigen Besitzer als »völlig normal« bewertet wird, stößt beim anderen Hundehalter vielleicht auf größtes Unverständnis und Missbilligung und erweckt beim Nichthundehalter unter Umständen sogar Abscheu. Was eine Unart zu einer Unart macht, liegt somit auch im Auge des Betrachters.

Heinz Erhardt gibt in seinem Gedicht »Bel Ami« einen schönen Beleg für Ursache und Wirkung von Unarten, besonders hinsichtlich der unterschiedlichen Bewertung durch den Menschen:

»Etwas, was uns in dem Leben jedesmal mit Recht missfällt, das ist das, wenn in der Nebenwohnung eine Hündin bellt.
Ich ging also hin und schellte; doch ich klagte ohne Grund, denn was da so dauernd bellte, war nicht Hündin, sondern Hund.
Hieß Ami und war ein Dobermann vom Scheitel bis zum Schwanz und gehört einem Oberlehrer. (An der Türe stand's.)
Der Ami war so bescheiden und so lieb, dass ich verzieh:
»Lieber Freund, ich mag dich leiden, wenn du willst, dann bell, Ami.«

Dem treuen Augenaufschlag eines Hundes fallen viele Erziehungsmaßnahmen zum Opfer.

Obwohl das Verhalten des Hundes als störend empfunden wurde, vermochte der Anblick des netten, vierbeinigen Gesellen das Herz zum Schmelzen zu bringen. Welcher Hundehalter kennt das nicht? Langsam, aber sicher, schleicht sich die ein oder andere Verhaltensweise ein und manifestiert sich, weil das gute Tier doch eigentlich so lieb und nett dabei ist, so drollig guckt, so entzückend clever seine Interessen vertritt. Bis eines Tages die Ausprägung doch das freud- und friedvolle Miteinander trübt und der Mensch zu dem Schluss kommt: »So geht es nicht mehr weiter!«

Laufen und Rennen sind für einen Hund oft Ausdruck purer Lebensfreude.

Die Sache mit den Funktionskreisen

Einige Störelemente des täglichen Lebens mit dem Hund korrelieren ursächlich mit biologisch verankerten Funktionskreisen. Doch was sind Funktionskreise, was bedeuten sie und wie beeinflussen sie Verhalten?

Klaus Immelmann definiert den Begriff »Funktionskreis« im Wörterbuch der Verhaltensforschung wie folgt:
»Ein zuerst von J. v. Uexkuell geprägter Begriff für die Beziehungen zwischen bestimmten ›Merkmalen‹ der Umgebung, ihrer Wahrnehmung durch die Sinnesorgane eines Tieres und den (vorgeformten) Reaktionen, die sie im Tier auslösen. Im ethologischen Schrifttum wird der Begriff Funktionskreis heute vielfach in einem anderen Sinne gebraucht. Er bezeichnet hier ein ›Verhaltenssystem‹ und stellt einen Oberbegriff dar für Verhaltensweisen mit gleicher oder ähnlicher Aufgabe und Wirkung, zum Beispiel Fortbewegung, Nahrungsaufnahme, Balz, Brutpflege oder Aggression.« (1982)

Prof. Dr. Nikolaas Tinbergen spricht in seiner »Instinktlehre« (1952) von angeborenem Verhalten, welches selektiv auf spezielle Außenreize reagiert.

Dr. Udo Gansloßer verdeutlicht zum Thema, dass in einem Funktionskreis Verhaltensweisen zusammengefasst werden, die einem ähnlichen übergeordneten Zweck dienen; so zählen z.B. Fressen und Trinken zum Funktionskreis Nahrungsaufnahme (2009).

Ein Funktionskreis stellt die Wechselbeziehung zwischen bestimmten Organen und durch sie ausgelöste Verhaltensweisen dar. Funktionskreise gibt es zum Beispiel zum Fortpflanzungs- und Brutverhalten, zur Nahrungsbeschaffung, zur Revier- und Statusverteidigung. Leichter verständlich und nachvollziehbar ist die Erklärung des Funktionskreises Nahrungsaufnahme am Beispiel der Wölfe: Verspürt das Tier Hunger, so wird der Funktionskreis der Nahrungsbeschaffung und das Jagdverhalten aktiviert. Ist der Wolf aber satt, so kann ein potenzielles Beutetier sich durchaus unbehelligt in der Nähe aufhalten. Auch beim Fortpflanzungsverhalten werden die ineinandergreifenden Komponenten deutlich: Der auslösende Reiz Läufigkeit und der geeignete Deckzeitpunkt müssen vorliegen, um gezieltes Paarungsverhalten zu zeigen, welches dann auch begleitet wird vom Werbungsverhalten und von Aggression gegen Rivalen. Liegt dieser Reiz nicht vor, so werden weder Paarungsverhalten, noch zugehörige Rivalitätskämpfe gezeigt. Somit besteht eine Wechselwirkung zwischen dem, was ein Tier verspürt (z.B. Hunger, Paarungsbereitschaft) und dem, was ein Tier zur Befriedigung des momentanen Bedürfnisses imstande ist zu tun (z.B. Jagen und Fressen oder Paarungspartner umwerben und decken und dabei Rivalen in die Flucht schlagen), das sind eben die Funktionskreise.

Die Umwelt zu entdecken und die eigenen Fähigkeiten auszutesten, sind biologische Grundbedürfnisse eines Hundes.

Auch, wenn die Abstammung vom Wolf schon lange Zeit zurückliegt, so tragen Hunde das Erbe ihrer wilden Ahnen in sich.

Funktionskreise können sich vermischen und überlagern, so dass Sequenzen aus dem einen und aus einem anderen gezeigt werden. Auch bei unseren Haushunden wirken sie noch in unterschiedlicher Ausprägung, was deren Verhalten mit beeinflusst. Aus diesem Grund ist es für den Hundehalter wichtig und unerlässlich, sich mit diesen Auswirkungen und deren ethologisch-biologischen Ursachen auseinanderzusetzen, denn da, wo instinktveranlagte Reflexe zum Tragen kommen, ist der Versuch der »Umerziehung« zum Scheitern verurteilt!

Hunde entlarven Unstimmigkeiten im Verhalten ihres Menschen sofort. Missbilligende oder vermeintlich maßregelnde Worte in Kombination mit einem amüsierten Gesicht, werden daher von ihnen nicht ernst genommen.

Die Sache mit der Mensch-Hund-Kommunikation

Erfolgen vom Menschen keine, lückenhafte oder womöglich gänzlich falsche – weil vom Hund anders verstanden als vom Menschen gemeinte – Reaktionen, so können hundliche Verhaltensweisen schnell übersteigert und übertrieben gezeigt werden und zur Unart oder sogar zum Problem mutieren. Daher ist bei der Auseinandersetzung mit als störend empfundenen Verhaltensweisen auch immer eine Rückbesinnung auf die erfolgte – oder unterlassene – Mensch-Hund-Kommunikation vonnöten. Was hat mein Hund mir vermittelt und was hab´ ich als Mensch ihm mit Gesten und Worten geantwortet? Und wie hat mein Hund das verstanden, was mein Körper und meine Stimme ihm gesagt haben? Um Unarten effektiv beheben zu können, ist es – wie bereits gesagt – unerlässlich zu verstehen, warum und wie sie entstehen. Ebenso wichtig ist es aber zu begreifen, dass die menschliche Sprache und die Hundesprache in vielerlei Beziehung nicht miteinander vergleichbar sind. Hunde kommunizieren wesentlich ausgeprägter mit körperlichen Signalen und achten bei ihrem Gegenüber auch gezielt darauf (non-verbale Kommunikation). Menschen hingegen nutzen Worte (oft fast inflationär), versuchen alles mittels Sprache zu erklären und zu regeln. Statt klarer Signale, die vom Hund verstanden werden und die er durch den Umgang mit Artgenossen gewohnt ist, redet der Mensch wie ein Wasserfall und lullt den Hund mit für ihn bedeutungslosem Singsang ein. Sicherlich ist der Partner Hund aufgrund seiner hohen Intelligenz im Stande, bestimmten Worten eine bestimmte Bedeutung zuzuordnen und sein Verhalten entsprechend auszurichten. Doch sind dies Lernprozesse! Komplexe Satzbauten und Situationserklärungen wird er jedoch nicht erfassen und inhaltlich verstehen. So praktiziert sind Missverständnisse vorprogrammiert.

Eventuell wird der Hund vermehrt und verstärkt Furcht zeigen, wenn sein ängstliches Verhalten Streicheleinheiten und beruhigende Worte,womöglich noch Leckereien als Ablenkungsmanöver, erzielt. Dennoch müssen dem unsicheren Schutzsuchenden die soziale Nähe und ein beruhigender Körperkontakt gewährt werden. Fingerspitzen- und Bauchgefühl sind gefragt!

Fehlverknüpfungen können auch in Bezug auf gezeigte Aggressionen entstehen, wenn nämlich der Mensch statt mit gezielten Abbruchsignalen dem Hund mit Erklärungen im Stil »Sei doch nicht so böse, der andere Hund ist doch ganz lieb« begegnet oder auch hier wieder als Ablenkungsmanöver die Fleischwurst aus der Tasche gefingert wird. Der Hund lernt: Aggressives Verhalten lohnt sich! Und was sich lohnt, das wird durch ein erfolgsorientiertes Lebewesen, wie der Hund es ist, zukünftig verstärkt an den Tag gelegt. Übrigens handelt der Mensch im Prinzip auch nicht anders, was Ihnen sicherlich bekannt ist.

Gerade junge Hunde reagieren in manchen Situationen schnell verunsichert. Hier sollten die Ruhe und die Souveränität ihres Menschen ihnen Halt und Richtschnur sein können, nicht aber Worte der Beruhigung und Erklärung abgegeben werden, die die Verunsicherung noch verstärken würden.

Die Kommunikation zwischen Hunden verläuft in der Regel wesentlich unmissverständlicher als zwischen Mensch und Hund bzw. Hund und Mensch.

Vom »Tick« zur »Unart«

Sicherlich darf man Hunden auch »Ticks« zugestehen, wir Menschen pflegen unsere ja auch gern und ausgiebig. So ist das Fellknäuel, das aus allen Ecken der Wohnung heranprescht, sobald es das Öffnen eines Joghurtbechers vernimmt, um dann erwartungsvoll in der Nähe des löffelnden Menschen auf das Hinhalten des fast leeren Bechers zu warten, kein bettelnder Hund! Hier liegt der Fall einer klassischen Konditionierung vor, bei welcher der Hund lernte, dass er diesen Becher »spülen«, sprich auslecken, darf. Würde gleicher Hund aber auf das Geräusch des Becheröffnens herbeikommen, um den Joghurtesser massiv zu bedrängen, womöglich eine oder beide Vorderpfoten auf den Schoß des Menschen stemmen, bellen, stupsen, fiepen und jaulen, bis er den, eventuell noch halb vollen Becher, da dem Menschen der Appetit vergangen ist, überlassen bekommt, so erfolgte ebenfalls eine klassische Konditionierung, die aber den Hund aufgrund des mit seinem massiven Verhaltensweisen erzielten Erfolgs unterstützt und bestätigt und zum Bettler macht. Die Übergänge sind fließend, der Werdegang oft drollig anzusehen, die Ausweitung nicht selten unbemerkt vom Zweibeiner.

Im Folgenden wurden 7 der am häufigsten vorkommenden Unarten aufgegriffen, ihre Ursachen und Entstehung erläutert und auf mögliche Folgeprobleme hingewiesen. Aus unserer täglichen Praxis heraus haben wir dem Leser einige, auf die jeweilige Unart abgestimmte Übungen zusammengestellt und geben Tipps, wie den unliebsamen Verhaltensweisen des vierbeinigen Freundes begegnet werden kann. Wir weisen ausdrücklich darauf

hin, dass die hier wiedergegebenen Empfehlungen keinen Anspruch auf Vollständigkeit und Ausschließlichkeit erheben und bei massiven Verhaltensauffälligkeiten, Unsicherheit in der Umsetzung der gegebenen Ratschläge oder auffallender Zunahme der Unarten unbedingt professionelle Hilfe eingeholt werden muss. Ein Buch kann immer nur Gedankenanregungen, Aspekte der zusätzlichen Überlegung und Tipps geben, was aber nicht in allen Fällen ausreicht, um die bestehende Situation zufriedenstellend zu lösen. Hier sollte eine Überprüfung vor Ort stattfinden mit fachkundiger Unterweisung von Angesicht zu Angesicht und unter Einbeziehung aller mit dem Hund im engsten Verbund zusammenlebender Familienmitglieder.
So können wir weder eine »Geling-Garantie« geben, noch übernehmen wir irgendeine Haftung, wenn durch das Ausprobieren der Übungen Schäden an Mensch und/oder Tier entstehen.

Zum Umgang mit diesem Buch

Sie finden auf den nächsten Seiten verschiedene »Tatzen«:

Ursachen-Tatzen
geben Hintergrundinformationen zur möglichen Entstehungsgeschichte der im Kapitel beschriebenen Unart und weisen auf spezielle Zusammenhänge hin.

Achtung-Tatzen
weisen auf unangenehme Auswirkungen der im Kapitel beschriebenen Unart und auf Folgegefahren hin.

Übungs-Tatzen
geben Tipps zur Behebung der im Kapitel beschriebenen Unart und beschreiben praktische Übungen.

In diesem Sinne wünschen wir dem Leser
- viel Spaß bei der Lektüre,
- ausreichend Humor und realistische Selbsteinschätzung und -kritik beim Wiedererkennen in der ein oder anderen geschilderten Szene,
- Geduld und Ruhe beim Ausprobieren der gegebenen Tipps und
- viel Erfolg bei der Umorientierung des Hundes zum zukünftig unartenfreien Hausgenossen!

Ihre
Petra Krivy und Angelika Lanzerath

1. Hilfe – mein Hund bettelt am Tisch!

Szene 1: Der Tisch wird gedeckt, das Abendessen wird für die Familie zubereitet. Nach und nach finden sich alle Familienmitglieder rund um den Tisch ein. Und mit einer völligen Selbstverständlichkeit bezieht auch der Familienhund seine strategisch günstige Position zwischen zwei Stühlen, schaut erwartungsvoll nach rechts und nach links und erprobt seine telepathischen Fähigkeiten durch flehenden Blick auf den Tisch. Es wird doch etwas von diesem üppigen Mahl für ihn abfallen?

Szene 2: Heute gönnt sich Familie Hundefreund ein Essen im Restaurant. Natürlich darf auch der Vierbeiner mit, gehört er doch zur Familie dazu. Schnell findet jeder etwas Schmackhaftes im reichhaltigen Angebot der Speisekarte. Das Essen wird serviert und der Schmaus kann beginnen. Eine ruhige, entspannte Genussrunde war geplant, doch wird die fröhliche Runde immer wieder gestört durch ein aufdringliches Gefiepe und Gewinsel des ebenfalls hungrigen oder, besser gesagt, futteraufnahmebereiten Hundes. Strafende Blicke der anderen Gäste und zunehmende Aufdringlichkeit des Vierbeiners erhöhen langsam, aber sicher die Peinlichkeit der Situation. Nur am Rande sei erwähnt, dass die von ihm produzierten Sabberfäden, die nach genüsslichem Schütteln nicht nur dekorativ die Kleidung der eigenen Familie mit Zierbiesen versehen, sondern auch leicht im Cappuccino auf dem Nebentisch landen können, auch nicht unbedingt die Stimmung und den Beliebtheitsgrad anheben.

Egal, ob Szene 1 oder 2 oder jede weitere vergleichbare Szene in dieser Richtung: Fatal wird es, wenn aus lauter Bestreben, die allgemeine Ruhe und Zufriedenheit wieder herzustellen, dem Bettelverhalten des Vierbeiners nachgegeben wird getreu dem Motto: »Dann nimm ein Stückchen und gib Ruhe!« Der Hund hat gewonnen, das Betteln war erfolgreich! Und bestimmt wird er daraufhin keine Ruhe geben, denn was einmal funktioniert hat, das sollte doch auch weiterhin funktionieren. Im Zweifelsfalle müssen die Maßnahmen verstärkt werden – und so wird aus einem Blick ein Fiepen, aus einem Fiepen ein Bellen, aus einem Verweilen nahe beim Tisch ein aufdringliches Heranrobben neben den Stuhl, ein Pfote-auf-das-Knie-des-Menschen-Legen, ein Knabbern an Kleidung, Arm oder Schenkel von Frauchen oder Herrchen und so weiter.

Achtung: Hunde sind einfallsreich und beharrlich; um erfolgreich zu sein, ziehen sie alle sprichwörtlichen Register! Menschen hingegen sind (leider!) häufig zu weich, lasch, bequem und manipulierbar!

Problematiken rund um das Betteln am Tisch – oder auch schon bei der bloßen Zubereitung von Essbarem – entstehen eigentlich immer durch falsche oder komplett fehlende Erziehungsmaßnahmen, wobei vermenschlichtes Denken und Inkonsequenz eine große Rolle spielen. Obwohl das Futterbetteln fast uneingeschränkt als unangenehm und störend von Hundebesitzern empfunden wird, stellt es eine der häufigsten unerwünschten Verhaltensweisen dar.

Hunde sind beharrlich, wenn es um die Durchsetzung ihrer Interessen geht.

Ursachen:

Ein Bettler wird nicht als Bettler geboren, er wird zum Bettler gemacht! Letztlich wird kein einziger Hund wiederholt um Futter betteln, wenn er nicht mindestens einmal die Erfahrung gemacht hat, dass sich dieses Betteln lohnt und für ihn erfolgversprechend ist. Und damit haben wir bereits die Crux des »Problems«. Gerade beim Welpen fällt es schwer, dem herzerweichenden Blick aus großen Hundekinderaugen zu widerstehen. »Och, schau mal, wie der guckt! Ist das nicht niedlich! Der arme, kleine Racker, der hat bestimmt ganz doll Hunger!« Und sitzt der Mensch womöglich selber zu Tisch, dann fällt es noch viel schwerer, den gesunden Menschenverstand über das weiche Herz siegen zu lassen. Fakt ist aber, dass ein Hund, der niemals (und niemals bedeutet nie, von niemandem und zu keiner Zeit!) etwas vom Tisch (alternativ von der Küchenarbeitsplatte, vom Couchtisch, im Restaurant und Café) zugesteckt bekommt, keinen Sinn im Betteln sehen wird und es deshalb unterlässt. Natürlich gibt es aber immer erst einmal den Versuch – es könnte ja sein, dass ...
Das strikte Verbot des Fütterns am Tisch bzw. des Abgebens eines Essensbröckchens, und sei es auch noch so klein, gilt uneingeschränkt für jeden Menschen, der mit dem Hund zu tun hat, nicht nur für die eigene Familie. Hier gilt es auch und besonders, Besucher darauf hinzuweisen, auch wenn sich nicht selten überflüssige Diskussionen daraus ergeben. Vielleicht kennen Sie das: »Ach, da ist mir doch nur aus Versehen etwas runtergefallen!«

wird der Hund auf einen bestimmten Platz vom Tisch entfernt geführt und muss mit »Bleib« dort verweilen.

- **Ist Ihr Hund an eine Box gewöhnt**, so können Sie ihn auch während Ihres Essens in die Box schicken. Kommt er immer wieder daraus hervor, so wird er mit ein paar Futterbrocken oder einem Kauknochen in die Box geführt, die dann verschlossen wird. Jegliche Unmutsäußerungen des Hundes werden ignoriert. Führen Sie dies als festes Ritual ein: Bevor Sie sich zu Tisch setzen, wird der Hund in die Box geschickt.

- Manchmal ist zu hören oder zu lesen, man solle dem Hund auf sein Betteln hin etwas für ihn Unangenehmes zu fressen geben. Wir stimmen dieser Empfehlung nicht zu, denn zum einen lernt der Hund, dass er erfolgreich war und bei weiteren Bettelversuchen könnte ja auch einmal etwas Schmackhafteres für ihn rausspringen, also weiter versuchen. Zum anderen gibt es durchaus Hunde, die auch vor dem Verzehr von Zitronen, Tabasco getränkten Brotstücken, mit Senf bestrichenen Futterbrocken nicht zurückschrecken und runterschlucken, was vor Nase und Maul kommt.

- Der Hund muss lernen, dass sein Futter ausschließlich aus seinem Napf kommt. Einzige Ausnahme stellt hier die Belohnung und Bestätigung durch Futterbrocken oder die aus erzieherischen Maßnahmen und zum Vertrauensaufbau durchgeführte Handfütterung dar. Doch auch hierbei erhält er Futter für Leistung, nicht für bloße Existenz!

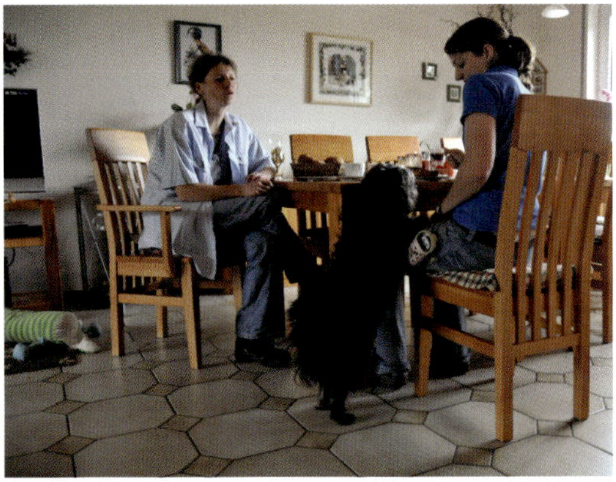

Hunde vertreten ihre Interessen vehement und können kaum verstehen, dass ihre Menschen so begriffsstutzig sein können.

Nur einmal Erfolg haben – und der Hund wird eine zielgerichtete Erwartungshaltung einnehmen.

Das Füttern des Hundes beim Tisch hat nichts mit demonstrierter Tierliebe zu tun. Im Grunde geht es nur darum, das eigene Gewissen zu beruhigen oder sich selbst und anderen zu beweisen, was für ein tolles Frauchen/Herrchen man doch ist, weil man seinen Hund an allem – und eben auch an den Mahlzeiten – teilnehmen lässt und mit ihm teilt. Die nicht selten zu hörende Meinung des Menschen: »Ich bringe es einfach nicht fertig, ihn da so leidend sitzen zu sehen und ihn zu ignorieren« basiert ausschließlich auf nicht erfolgte Versuche, exakt dies zu tun, nämlich den Hund samt seiner Bettelei einfach zu ignorieren! Auch wenn es schwerfällt, Sie können es oder müssen es lernen, lieber Hundebesitzer! Kein Mensch muss ein schlechtes Gewissen oder gar Mitleid haben, weil der »arme« Hund ja zugucken muss, wenn Mensch isst (was Hund auch gar nicht müsste, hätte er gelernt, Abstand vom Tisch zu halten und dem Geschehen rund um die Tafel keine Beachtung beizumessen). Bitte bedenken Sie: Ihr Hund kommt nicht auf die Idee, sein Futter mit Ihnen zu teilen – und gucken Sie auch noch so hungrig und traurig auf ihn herab! Stattdessen gibt es Vierbeiner, die äußerst vehement darauf achten, dass ihnen beim Fressen niemand zu nahe kommt und die Distanzeinhaltung massiv einfordern. Dass derartiges Verhalten den eigenen Besitzern gegenüber (und nur diesen gegenüber ist gemeint) nicht zu tolerieren und erzieherisch in kontrollierte Bahnen zu lenken ist, soll in diesem Zusammenhang nur am Rande erwähnt werden!

Wie so oft in der Hundeerziehung und der dazu zur Verfügung stehenden Literatur, wird der ratsuchende Hundehalter durch komplett kontroverse Tipps verunsichert. So werden auch zur Fragestellung, wie das Füttern gehandhabt und das Betteln sinnvoll abgewöhnt würde, exakt entgegengesetzte Erziehungsmaßnahmen empfohlen, die gleichermaßen unnütz bis bedenklich sind und Hunde(lern)verhalten entstellt bis unsinnig wiedergeben. So wird einerseits empfohlen, den Hund **vor** der Einnahme der menschlichen Mahlzeiten zu füttern, da ein satter Hund nicht betteln wür-

Das Füttern am Tisch lässt den Hund leicht zum Selbstversorger werden.

de. Wäre das mal so einfach! Satt oder hungrig hat gar nichts mit der Motivation des Bettelns zu tun. Selbst komplett vollgefressene Hunde, die durch ein kräftiges »Bäuerchen« maximal Platz für einen tiefen Atemzug geschaffen haben, sind zum nachhaltigen Betteln bereit, wenn sie gelernt haben, dass Betteln zum Erfolg führt und etwas für sie abspringt.

Bedenken Sie:

→ Hunde sind Opportunisten und ihr Verhalten ist stets erfolgsorientiert!

Andererseits wird andernorts dringend empfohlen, den Hund grundsätzlich nur **nach** menschlichen Mahlzeiten zu füttern. Dies würde dem Hund seinen untergeordneten Rangstatus vermitteln, denn der Ranghohe würde grundsätzlich immer zuerst fressen. Zum Glück gibt es genügend Berichte und Filmsequenzen (z.B. »Die Langnasen« von J. Leidhold und »Die Pizza-Hunde« von G. Bloch), sowie wissenschaftliche Arbeiten zum Dominanzverhalten wie die Diplomarbeit »Zuteilungsbeziehungen und hierarchische Strukturen beim Zugang zur Ressource Futter« von Victoria Warstat, die belegen, dass nicht grundsätzlich Ranghohe zuerst fressen, sondern das Privileg, wann, von wem und in welchem Umfang gefressen werden darf, unter anderem der Gestimmtheit des Ranghohen, sowie der vorhandenen Biomasse, des Futterangebots, unterliegt. Ist dem »Chef« das Fressen gerade nicht wichtig, so dürfen »Untergebene« durchaus nach Herzenslust schmausen, während »Cheffe« unter Umständen sogar nahe beim Futter liegt und döst. Nicht Status allein bestimmt ein grundsätzliches Verhalten, sondern die situative Wertigkeit für den Ranghohen lenkt dessen Verhalten!

Welche Folgeprobleme entstehen können, wenn dem Betteln nachgegeben wird:

Der Hund manipuliert seine Menschen
Der pfiffige Fellkumpan erspürt die wunden Punkte seiner Menschen par excellence und entwickelt schnell für ihn Vorteile bringende Strategien. Wenn ich armer Hund so sitze und traurig gucke, dann erreiche ich, was ich will. Hatte der Mensch womöglich einen schlechten Tag und/oder ist der Hund etwas zu kurz gekommen, so hat der Vierbeiner noch leichteres Spiel, denn zur Beruhigung des menschlichen Gewissens ist die Einhaltung von Regeln und die notwendige Konsequenz im Umgang mit dem Hund letztlich doch auch mal schnell vergessen. Und darauf baut »das liebe Tier« – häufig mit Erfolg!

Hat der Hund einmal gewonnen, so zieht er zukünftig alle Register seiner Überzeugungsfähigkeit. Podhalaner Danny ist doch sooo lieb und brav, da hat er eigentlich eine Belohnung verdient!

Achtung: Was beim Betteln klappt, funktioniert vielleicht auch in anderen Bereichen des täglichen Zusammenlebens, also wird der Vierbeiner versuchen, auch hier sein Ziel zu erreichen.

Wettbewerbsaggression
Nicht zu unterschätzen ist die Gefahr, dass der Hund eine aggressive Verteidigungsbereitschaft entwickelt getreu dem Motto: »Dieser zweibeinige Futterspender gehört mir« bzw. »Dieser Fütterungsplatz steht mir allein zu.« Anfangs noch schleichend und unterschwellig, kann das dazu führen, dass später zum Tisch kommende Familienmitglieder oder Gäste attackiert werden und Küche, Esszimmer oder sonstige Orte, die mit Futtergabe in Verbindung gebracht werden können, massiv abgegrenzt und durch den Hund kontrolliert werden. Im Restaurant oder Café wurden aus diesem Grund auch bereits Servicemitarbeiter durch den Hund vom Tisch ferngehalten oder sogar gebissen.

Achtung: Wer kennt ihn nicht, den Hund der zu jedem Menschen hinläuft, in der Hoffnung dort etwas Leckeres zu bekommen (was nicht selten ja auch hervorragend klappt). Mit dem

Zulassen des Bettelns am Tisch legen Sie hier schon die Grundlage für ein solches Verhalten.

Aus Bettlern können in der Folge leicht Diebe werden –
nämlich wenn die Hunde es gewohnt sind, dass vom Tisch Gutes kommt. Deshalb kann dann dort auch mal allein nachgeschaut werden. Ist auf dem Tisch, der Küchenarbeitsplatte oder dem Sideboard wirklich noch eine Gaumenfreude zu finden, so ist das zwar gut für den Hundebauch, aber übel für den Lerneffekt. Der besteht dann darin festzustellen: Der Mensch als Oberkellner ist ja gar nicht nötig – das Leben ist ein Selbstbedienungsrestaurant!

Achtung: Geklaut wird später nicht unbedingt nur Fressbares, sondern alles, was dem Hund Spaß macht und ihm Lustgewinn bringt. So fallen schnell auch Kleidungsstücke und Elektronikgegenstände zum Opfer, aber auch diverse andere Gegenstände wie z.B. Kinderspielzeug aus Hartplastik, die für den Hund ausgesprochen gesundheitsschädlich sein können, weil sie z.B. die Speiseröhre oder Darmwand verletzen oder Darmverschlüsse verursachen können.

Bei einem Welpen sieht es ja noch niedlich aus, wenn dieser keck mal auf dem Teller nachschaut, ob was Leckeres zu ergattern ist. Findet er dort womöglich noch etwas, was er klauen kann, so lernt er am Erfolg und die Hemmschwelle ist künftig deutlich niedriger.

Hat der Hund einmal gelernt, dass Essen vom Tisch nicht für seinen Magen bestimmt ist, so interessieren ihn oft selbst Verlockungen in erreichbarer Höhe nicht.

Tipps zur Abgewöhnung des Bettelverhaltens:

- Ignorieren Sie Betteln des Hundes, lassen Sie ihn völlig ins Leere laufen! Wenn Sie das nicht schaffen, weil »Hundi« ja soooooo lieb guckt, dann bringen Sie ihn aus dem Zimmer. Wie bereits erwähnt, Hunde sind Opportunisten und agieren erfolgsorientiert.
  Was keinen Erfolg verheißt, wird meistens über kurz oder lang eingestellt.

- Geben Sie Ihrem Hund nichts und wirklich nichts von Ihren Mahlzeiten bei Tisch. Seien Sie auf absolute Konsequenz bei der Umsetzung dieser Forderung bedacht, bei sich selbst, bei alle Familienmitgliedern und bei Besuchern. Sollten Sie sich auch nur ansatzweise unsicher sein, ob Besucher Ihre Anweisung befolgen, dann führen Sie den Hund während der Mahlzeit lieber aus dem Zimmer.

- Wenn Ihr Hund das »Bleib« nicht beherrscht, so bringen Sie ihn aus dem Esszimmer, bis Sie mit dem Essen fertig sind. Führen Sie dies als festes Ritual ein: Bevor Sie sich zu Tisch setzen, wird der Hund aus dem Zimmer geführt und muss draußen verweilen. Entweder schließen Sie die Tür, um seine Rückkehr zu verhindern, oder Sie binden ihn auf seinem Platz an. Jegliche Unmutsäußerungen des Hundes werden ignoriert. Zum Einüben können Sie dem Hund ein paar Futterbrocken oder auch einen Kauknochen auf seinen Platz legen.

- Wenn Ihr Hund sicher das »Bleib« beherrscht, so lassen Sie ihn mit deutlichem Abstand zum Tisch sitzend oder liegend mit einem »Bleib« verweilen, bis Sie mit dem Essen fertig sind. Führen Sie dies als festes Ritual ein: Bevor Sie sich zu Tisch setzen,

Während der Mahlzeiten wird bettelfreudigen Hunden das »Bleib« im Abstand zum Tisch abverlangt.

Bitte bedenken:

→ Alles, aber auch alles in der Hundeerziehung benötigt drei Voraussetzungen:

1. Zeit
2. Geduld
3. Konsequenz

Wird der Mensch nur einmal weich, zeigt er nur ein einziges Mal Schwäche, so wird sich der Hund daran lieber und nachhaltiger halten und sich danach richten, als dass er sich an den geglückten Versuchen der aufrechterhaltenen Konsequenz orientiert!

2. Hilfe – mein Hund ist so aufdringlich!

Es ist immer wieder erstaunlich, wie selten Hundebesitzer überhaupt bemerken, dass sich ihr Hund aufdringlich wie eine Stubenfliege verhält und die Aufmerksamkeit auf sich ziehen will. Oft wird dieses Aufmerksamkeit heischende Verhalten mit Zuneigung verwechselt – und der Besitzer freut sich anfangs noch über diese »grenzenlose Treue«. Auch hier spielt dem Hund das menschliche Gewissen schnell den Satzball zu, denn den kleinen Kerl einfach mal abzuweisen erscheint dem Zweibeiner ja so gemein. So drängt der Hund sich klammheimlich in den Mittelpunkt – und hat damit logischer Weise auch noch Erfolg!
Hier nur einige Alltagssituationen, die sich endlos fortsetzen ließen und dem Gros der Hundehalter bestens bekannt sein dürften:

Spielzeit ist angesagt, egal, ob der Mensch es will oder nicht.

- Endlich ist der Abend gekommen, der Zeitpunkt, sich richtig vom Alltagsstress zu erholen – hätte der Familienhund nicht ganz andere Pläne! Kaum wurde der Fernseher eingeschaltet, das Buch zur Hand oder der Telefonhörer ans Ohr genommen, kommt der vierbeinige Freund schon angedüst. Mit Dackelaugenaufschlag schiebt er seinen Kopf unter den Arm, das Buch oder die Fernbedienung fliegt zur Seite. Der Hundeblick lässt keinen Zweifel zu: Das arme Tier braucht jetzt sofort seine Streicheleinheiten, sein Unterhaltungsprogramm! Gerührt von so viel Anhänglichkeit, gibt Herrchen/Frauchen nach, der Fernsehfilm wird mit Sicherheit wiederholt werden. Statt Ruhe und Entspannung genießen zu können, wendet man sich dem Vierbeiner zu.
- Die Beine sind hochgelegt und der Sessel in leichte Schräglage gebracht – endlich Feierabend! Platsch landet ein versabbertes Quietschtier auf dem Bauch. Vor dem Menschen steht ein erwartungsvoll schauender Hund, der 100%ig davon ausgeht, dass ihm das Quietschi geworfen oder gekickt oder igendwie anders in Bewegung gebracht wird. Natürlich wird die hundliche Erwartungshaltung nicht enttäuscht, wir sind ja so verständnisvolle Hundehalter und wo »er« doch so lieb schaut!

- Unser Besuch hat keine Chance, uns zu begrüßen, da ist ja zuerst der Hund, der sich gekonnt zwischen die Beine und sonstwohin drängt, um als Erster Kontakt aufzunehmen.

- Frauchen möchte telefonieren, aber kaum sind die ersten Worte gesprochen, ertönt ein lautes Fiepen oder Bellen. Der so wohl erzogene Vierbeiner läuft zur Tür und zeigt an, dass er raus möchte. Na ja, bevor er in die Wohnung macht, und da er sich doch so fein meldet. Das Telefonat lässt sich ja später fortsetzen. Doch merkwürdig, kaum liegt der Hörer wieder auf dem Tisch und Frauchen redet nicht mehr mit unsichtbaren Dritten, ist Bello wieder ruhig und scheint auch gar kein dringendes Bedürfnis mehr zu haben. Doch als treusorgender Hundehalter lassen wir ihn prophylaktisch in den Garten, wo Herr Hund kurz eine Runde dreht, die Spatzen verbellt und dann gelangweilt wieder ins Haus kommt. Natürlich ohne irgendwelche »dringende Geschäfte« erledigt zu haben. Dann kann ja weiter telefoniert werden, worauf sich das Szenario wiederholt: Fiepen, Bellen – und als braver Portier erfüllen wir natürlich wieder den Wunsch des Hundes! Es könnte ja sein, dass … – oder auch nur um des lieben Friedens willen.

Mit aufdringlichem Verhalten versucht der Hund, seine Interessen durchzuboxen und den Menschen nach seinem Gusto zu manipulieren.

- Wir stehen auf der Straße, den Hund angeleint neben uns, und möchten uns mit Bekannten unterhalten. Lange dauert der Frieden nicht an, dann geht es los. Hundi springt auf, tanzt herum, fiept und flötet in den höchsten Tönen. Kommt vom Menschen darauf noch keine Reaktion, wird laut gekläfft, sodass eine Unterhaltung nicht mehr möglich ist. Statt den Hund zurechtzuweisen, wird die Unterhaltung abgebrochen. Lieber verabredet man sich mit den Bekannten für den nächsten Tag mit dem Versprechen, den Hund dann nicht mitzubringen.

Übernimmt man einen erwachsenen Hund aus dem Tierheim oder vom Tierschutz, vielleicht aus südlichen oder osteuropäischen Ländern, in denen der Vierbeiner in vielen Fällen keine gute Zeit verlebt hat, so ist man voll des Mitleids! Das ist verständlich und völlig in Ordnung! Zwar muss das neue Familienmitglied Vertrauen zu seinen zweibeinigen Wegbegleitern fassen und aufbauen und sich in seinem

Hunde untereinander entscheiden situativ, wann, von wem, wie und wie lange sie Nähe dulden.

neuen Leben und im neuen Sozialverbund zurechtfinden, doch scheuen Sie sich deshalb nicht, dem neuen Hausgenossen die für den Alltag wichtigen Regeln ruhig und konsequent **sofort** zu vermitteln. Gerade das gibt ihm Sicherheit und schafft eine klare Basis. Andernfalls würde der Hund es nicht verstehen, wenn er wochen- oder gar monatelang machen kann, was er will, und dann plötzlich vom Menschen begrenzt wird. So praktiziert kommt es in der Folge häufig zu ersten Problemen zwischen Mensch und Hund.

Problematiken rund um das Aufmerksamkeit heischende, aufdringliche Verhalten des Hundes entstehen immer durch falsche oder komplett fehlende Grenzsetzung und Distanzeinforderung des Menschen zum Hund, wobei vermenschlichtes Denken, das schlechte Gewissen und Inkonsequenz eine große Rolle spielen. Die ersten Ansätze der hundlichen Aufdringlichkeit schleichen sich fast unbemerkt in den Alltagstrott ein, zumeist schon im Welpenalter, und steigern sich langsam, aber stetig. Werden die fordernden Verhaltensweisen des Hundes als nervig und störend empfunden, ist bereits eine geraume Zeit ins Land gegangen, in der der Hund ausreichend Gelegenheiten hatte, sich als Mittelpunkt des Universums zu definieren.
Und von diesem Status tritt kein Hund gern zurück, was dem Menschen Konsequenz und Durchhaltevermögen beim Umerziehungstraining abverlangt.

Ursachen:

Ein aufdringlicher Hund wird nicht als aufdringlicher Hund geboren, er entwickelt sich zu einem solchen, wenn er die Erfahrung macht, dass sich sein Verhalten lohnt und Aufdringlichkeit für ihn erfolgsversprechend ist! Obwohl es für den Hundehalter sicherlich zuerst schwer zu verstehen und nachzuvollziehen ist, so muss darauf hingewiesen werden, dass aufdringliches Verhalten im weitesten Sinne auch eine Form der Aggression ist, selbst wenn noch nie – und vielleicht auch zukünftig nicht – zugebissen oder auch nur geschnappt wurde. Aufdringlichkeit bedeutet immer einen Versuch der Manipulation.
Hat der Hund mit seiner penetranten Beharrlichkeit Erfolg, so lernt er die Möglichkeiten seines manipulativen Verhaltens kennen – und schätzen. Aufdringliches Verhalten ist oft nur ein Punkt von vielen, der auf Schieflagen in der Mensch-Hund-Beziehung und auf fehlende Konsequenz in der Erziehung hindeutet!

Ursachen für manipulatives Verhalten liegen in der Mensch-Hund-Beziehung begründet:

- Falsche Interpretation von hundlichem Verhalten
- Falsches Verständnis der Mensch-Hund-Kommunikation
- Bewerten von Situationen gemäß menschlicher Logik, die keinesfalls der hundlichen Logik entspricht (!)
- Unstimmigkeiten im Vertrauensverhältnis
- Unklarheiten in der Mensch-Hund-Beziehung
- Gerade in der Junghundephase testet der Hund aus, was der Mensch sich gefallen lässt – oder eben auch nicht.

Zurechtweisung unter Hunden erfolgt exakt terminiert, nicht zimperlich und unmissverständlich.

Aufdringliches Verhalten tolerieren Hunde untereinander nur in sehr begrenztem Maße. Welpen haben sicherlich noch eine Sonderstellung, doch um Vollendung des 4. Lebensmonats verschiebt sich die Toleranzgrenze der Alttiere deutlich nach unten. Ist die Jugend zu aufdringlich, glänzt die Weisheit des Alters durch souveräne, über den Dingen stehende Nichtbeachtung. Nur auf anhaltende, nervende Piesackerei durch die Jungen folgen klare, situativ passende und exakt terminierte Zurechtweisungen (z.B. Schnauzgriff, Umschubsen u.a.). Hierzu gibt es sehr eindrucksvolle Szenen in den Verfilmungen des Buches von Eberhard Trumler »Das Jahr des Hundes«, welche von Erika Trumler und Joachim Leidhold zusammengestellt wurden, ebenso auf der DVD »Die Pizza-Hunde – Freilandstudien an verwilderten Haushunden« von Günther Bloch.

Damit es nicht zu Fehlinterpretation des zuvor Gesagtem kommt: Selbstverständlich kann und darf einer Aufforderung durch den Hund auch nachgegeben werden! Aber eben nur dann, wenn es dem Menschen passt und er Lust dazu hat.

Mit der gleichen Selbstverständlichkeit kann und muss ein Hund aber auch einmal weggeschickt werden und mit seiner Aufforderung erfolglos bleiben!

Dieser erfahrene Frust ist keinesfalls die Psyche schädigend oder der Beziehung zum Menschen abträglich – im Gegenteil!

Welche Folgeprobleme entstehen können, wenn aufdringlichem Verhalten nachgegeben wird:

Der Hund manipuliert seine Menschen

Der pfiffige Fellkumpan erspürt die wunden Punkte seiner Menschen par excellence und entwickelt schnell für ihn Vorteile bringende Strategien. Wenn ich armer Hund dies oder das tue, dann erreiche ich, was ich will. Hatte der Mensch womöglich einen schlechten Tag und/oder ist der Hund etwas zu kurz gekommen, so hat der Vierbeiner noch leichteres Spiel, denn zur Beruhigung des menschlichen Gewissens ist die Einhaltung von Regeln und die notwendige Konsequenz im Umgang mit dem Hund letztlich doch auch mal schnell vergessen. Und darauf baut »das liebe Tier« – häufig mit Erfolg!

Achtung: Manipulatives Verhalten funktioniert auch in anderen Bereichen des täglichen Zusammenlebens, also wird der Vierbeiner versuchen, auch hier sein Ziel zu erreichen. Wird aufdringlichem und manipulativem Verhalten nichts entgegengesetzt, so besteht die Gefahr, dass der Hund Schritt für Schritt versucht, die Kontrolle auch in anderen Bereichen zu übernehmen, bis es ausschließlich nach dem Kopf des Hundes geht! Ein Teil der in diesem Buch beschriebenen Unarten, z.B. das Betteln und das Leineziehen, gehen mit dieser Problematik Hand in Hand.

Tipps zur Abgewöhnung des aufdringlichen Verhaltens:

Hunde müssen lernen, eine »Auszeit« zu akzeptieren, das heißt, sich zu beherrschen und kurzzeitig Frust zu ertragen.

- Ihr Hund muss lernen, dass auf sein drängelndes, aufdringliches Verhalten hin nichts passiert, er damit keinen Erfolg hat. Bleiben Sie während des Spaziergangs einfach mal unvermittelt stehen, stellen Sie sich auf die Leine und beachten Sie Ihren Hund gar nicht. Wir nennen das die »Auszeit«. Er bekommt weder ein Kommando, noch sonst irgendeine Ansprache von Ihnen. Verhält er sich ruhig, setzen Sie, wann und wohin es Ihnen gefällt, Ihren Weg fort.

- Wenn Sie Ihre Ruhe haben möchten, Ihr Hund aber alle Unterhaltungsregister zieht und Ihnen die gesamte Spielzeugpalette vor die Füße legt, so ignorieren Sie dies komplett und konsequent, auch wenn es schwerfällt. Nur wenn keine Reaktion von Ihnen erfolgt, kann der Hund lernen, dass sein Verhalten ihn nicht zum angepeilten Ziel führt. Zugegeben, diese Konsequenz aufzubringen erfordert starke Nerven und gutes Durchhaltevermögen. Gerade Hunde, die bereits aus den Erfahrungen der Vergangenheit heraus erfolgsorientiert agieren, werden anfangs das aufdringliche Verhalten noch verstärken, statt es zu reduzieren oder gar einzustellen. Schließlich hat Mensch ja bislang verstanden, was Hund will. Wenn das nun plötzlich nicht mehr funktioniert, ist der Vierbeiner bestrebt, seinen Willen deutlicher und vehementer mitzuteilen, da sein Mensch ja offenbar gerade »begriffsstutzig« geworden ist. Haben Sie Geduld, bleiben Sie hart und signalisieren Sie auch keine Kompromissbereitschaft à la: »Okay, aber nur **einmal** Bällchen werfen!« Erfolg will Weile haben und braucht Zeit.

- Ein gezieltes Trainingsprogramm für »Kommunikations-Störer« bei sich zufällig ergebenden Unterhaltungen anzusetzen, erweist sich in der Realität als äußerst schwierig. Da man in Begleitung von »Massiv-Bellern« sein eigenes Wort nicht versteht, sollte man zum Üben solcher Situationen nichts dem Zufall überlassen. Verabreden Sie sich zu einer bestimmten Uhrzeit an einem bestimmten Ort mit einem Helfer. Egal, in welchem Ausmaß der Vierbeiner Ihr Gespräch zu stören versucht, wie er auch bellt und Theater macht, setzen Sie Ihr Gespräch mit dem Helfer unbeirrt fort, wobei das Thema zu diesen Übungszwecken ja völlig egal ist. Demonstrieren Sie einfach dem Hund, dass er mit seinen Störattacken keinen Erfolg hat. Haben Sie bereits das Signal des Auf-der-Leine-Stehens für Ruhe etabliert (Punkt 1), so können Sie auch bei dieser Gelegenheit dies Signal verwenden.

Früher hieß es immer, wenn Erwachsene sich unterhalten, haben Kinder auch mal den Mund zu halten. Im Grunde ist das auch auf Hunde übertragbar.

Ruhe zu bewahren, müssen Hunde lernen, im Zweifelsfall mit gezieltem Training.

Das Gleiche gilt natürlich auch für Telefonate: Warten Sie nicht darauf, bis die Lottogesellschaft anruft, um Ihnen mitzuteilen, dass Sie gerade den Jackpot geknackt haben, was Sie natürlich leider aufgrund des Bellens und Quietschens Ihres Vierbeiners überhaupt nicht verstehen werden. Dumm gelaufen ...!
Auch hier ist es sinnvoll, Freunde und Bekannte zu bitten, kurz durchzuklingeln, um dann Belangloses zu besprechen. Das Gegenüber kann ja zur Schonung der Telefonrechnung bei nicht vorhandener Flatrate einfach wieder auflegen und Sie unterhalten sich mit einem imaginären Gesprächspartner. Hauptsache, das Telefon hat geklingelt und dem Hund das akustische Startsignal geliefert.

- Am besten hilft es, wenn man gemeinsam mit der gesamten Familie eine detaillierte Liste zusammenstellt, wann, wo, wie, wem gegenüber und in welchem Umfang der Hund aufdringliches Verhalten zeigt, welches gern »abgestellt« würde und aus den bereits erwähnten Gründen nicht zu tolerieren ist.

Bitte bedenken:

→ Alles, aber auch alles in der Hundeerziehung benötigt drei Voraussetzungen:
1. Zeit
2. Geduld
3. Konsequenz
Aufmerksamkeit heischendes Verhalten lässt sich in den meisten Fällen durch Ignorieren auslöschen. Voraussetzung ist allerdings, dass der Hund nicht in anderen Alltagssituationen wiederum vermittelt bekommt, dass er der alles entscheidende Kronprinz der Familie ist. Wird der Aufdringlichkeit durch (sinnloses!) Schimpfen oder sonstige Erziehungsmaßnahmen begegnet, dann hat der Hund ebenfalls sein Ziel erreicht: Man kümmert sich um ihn! Für Menschen ist das anfangs etwas schwierig zu verstehen, denn sie meinen ja, dass sie ihrem Hund »erklären«, dass er dies oder jenes eben nicht tun dürfe. Der Hund versteht es aber eben in seiner Sprache und somit ganz anders: Hurra, der Mensch ist zwar laut und ungehalten, aber er beschäftigt sich mit mir. Ergo: Ziel erreicht!
Es geht nicht darum, was der Hund jetzt und hier will, sondern darum, was sein Mensch jetzt und für die Zukunft haben möchte.

3. Hilfe – mein Hund lässt keinen Besuch ins Haus/aufs Grundstück!

Eine Vielzahl der Hundebesitzer kennen das »Postboten-Problem«: Meist schon beim Herannahen des Autos, spätestens aber, wenn der Postbote an der Türe schellt, erzittern die Mauern des Wohnhauses aufgrund des Gebells vom vierbeinigen Haushüter. Und in den Augen des Hundes ist sein Radau von Erfolg gekrönt, denn der vermeintliche Feind verschwindet ja wieder. Dass dieser den Brief abgegeben und somit seine Pflicht erfüllt hat, entzieht sich natürlich der Kenntnis des aufmerksamen, pflichteifrigen Vierbeiners.

Vergleichbares Verhalten zeigt sich an der Grundstücksgrenze: Der Hund verbellt die vorbeigehenden Leute, verfolgt sie mit wüstem Gekläffe bis zum Ende des Zauns, bis er nicht mehr weiter neben – und (zum Glück!) nicht hinterherlaufen kann. Und wieder hat er Erfolg, denn die – in seinen Augen – Störenfriede entfernen sich ja. Dass diese Personen gar nicht in »seinen« Garten und zu »seinen« Menschen wollten, ihr Weg sie ganz woanders hinführt, ist der lebendigen Alarmanlage auf vier Pfoten nicht klar. Er schlägt sich die Kerbe in sein Erfolgsholz – wieder hat er den Feind besiegt und in die Flucht geschlagen!

Verbuchter, klarer Lerneffekt: Ich mache Radau und der Eindringling verschwindet. Der Erfolg seiner Handlung belohnt ihn und be- wie verstärkt sein Verhalten von Mal zu Mal.

Darf der Hund frei agieren und zur Attacke starten, so betrachtet er sein Verhalten als erwünscht und erweist sich zukünftig als pflichtbewusster Wächter von Haus und Hof. ▶

Um im ersten Beispiel eine andere Lernerfahrung zu verbuchen, wäre es zweifelsfrei von Vorteil, den Postboten schon beim Welpen kurz herein zu bitten, eine freundliche Atmosphäre zu schaffen, ihm eine Tasse Kaffee anzubieten und kurz miteinander zu plaudern. Doch welcher Postbote hat dazu schon die Zeit und die Lust und ist bereit, Co-Therapeut für einen Hund zu spielen?
Und häufig freuen sich die Besitzer eines jungen Hundes sogar darüber, wenn dieser, gerade 10 Wochen alt oder kaum viel älter, beim Anblick von Passanten knurrend und bellend im Garten herumläuft oder grollend und schnappend auf Besucher reagiert. Völlig falsch wird hier das Verhalten des Welpens als »Bewachen und Beschützen« interpretiert. Stattdessen ist der Kleine mit dieser Situation völlig überfordert und agiert nur so, weil er verunsichert ist.

Dann gibt es noch die Hunde, die Besucher relativ unproblematisch ins Haus hineinlassen, dort jedoch dafür sorgen, dass diese sich keinen Zentimeter ohne hundlichen Kommentar bewegen können und oftmals auch nicht nach freiem Willen das Haus verlassen dürfen. Der Gang zur Toilette ist nur mit Ansage und Eingreifen des Hundebesitzers möglich, allein die Veränderung der Sitzposition auf dem Stuhl kann bereits riskant sein. Hilfe beim Abräumen der Kaffeetafel ist selbst bei bestem Willen nicht möglich und beim Griff nach dem runtergefallenen Taschentuch ist die Gefahr gebissen zu werden groß. Auch in diesen Situationen erfolgen häufig Fehlinterpretationen des hundlichen Verhaltens. Der auf der Schwelle liegende, alles beobachtende Hund, ist der an allem interessierte, und der sich auf Besucherfüße niederlegende der anhängliche und so kontaktfreudige Hausgenosse. Bei unauffälligem Gesamtverhalten des Hundes mag dies durchaus so sein, in anderen Fällen weist die Einnahme von strategisch günstigen Liegeplätzen aber auf »Hintergedanken« hin, nämlich die, die Besucher und ihre Vorhaben bestmöglich kontrollieren zu können.

Und selbst bei massiven Ausprägungen des Abwehrverhaltens findet der verständnisvolle Mensch Erklärungen und Entschuldigungen, um die anstrengende Gesamtsituation sich und anderen schönzureden:

- Tante Frieda mag er eben nicht, da ist er wie ich und deshalb bin ich froh, dass sie uns nun nicht mehr besuchen kommt.

- Eigentlich ist er ja ganz lieb, er will mich nur beschützen und ist ein bisschen stürmisch dabei.

Das wünscht sich manch ein Hundebesitzer: Den Ein- und Ausschaltknopf für nervende Verhaltensweisen des Vierbeiners!

- Es muss auch nicht jeder Mensch in meiner Wohnung herumlaufen.

- Auf meinem Grundstück hat ja auch niemand etwas zu suchen, schließlich soll er ja aufpassen.

- Ist doch lieb, wenn er sich so auf die Füße von Onkel Herbert legt, und dann möchte er eben beim Schlafen nicht gestört werden.

- Er ist ja so neugierig was man macht, deshalb beobachtet er alles so genau und tappt hinterher.

- Bestimmt war der Besuch nicht nett zum Hund, wenn er von ihm so angeknurrt wird.

Fortsetzung nach Belieben ...

Ursachen:

Die vorbeschriebenen Verhaltensweisen gehören allesamt zum Funktionskreis des Territorialverhaltens. Grundsätzlich ist festzustellen, dass territoriales Gebaren und Agieren völlig normal für einen Hund ist. Die Verteidigung des eigenen Reviers oder zumindest ein aktives Mitwirken daran, ist ein biologisch manifestiertes Grundbedürfnis des Hundes. Je nach Rasse und individueller Ausprägung ist die Schwelle des »Normalen« höher oder niedriger. So wird der Vertreter einer Wach- und Schutzhundrasse ebenso wie Herdenschutzhundetypen seine Aufgabe ernster nehmen als z.B. der Vertreter einer Jagdhund- oder Begleithundrasse. Doch gibt es selbstverständlich auch immer die Ausnahmen von der Regel und deshalb kann z.B. ein Riesenschnauzer, Rottweiler oder sonstiger »typischer« Wachhund sich begeistert über jeden Besucher freuen und als höchst willkommene, unterhaltsame Abwechslung im Alltag bewerten, während z.B. ein Vertreter der Retrieverfamilie massiv territorial und abweisend reagieren kann. Auch wenn Gewöhnung, Prägung und Erziehung eine große Rolle spielen, so gibt es eben auch die individuellen Charaktere bei Hunden und nicht jeder Hund ist gleich.

Territorialverhalten gehört mit in den Bereich der Ressourcenverteidigung und der Wettbewerbsaggression. Wird es übertrieben und zeigt sich in übersteigerter Weise, wird vom Hund frei nach dem Motto agiert: »Mein Garten, mein Haus, meine Menschen.«

Manche Hundetypen verhalten sich territorial und streben danach, alles unter Kontrolle zu halten, wenn sie im Alltag unterbeschäftigt sind, dazu neigen vor allem Hütehunde. Dann kann es auch schon mal passieren, dass die Besucherwade attackiert wird beim Versuch, das vermeintlich »versprengte Schaf« zum vom Hund definierten Sammelpunkt zurückzuführen und am selbständigen Bewegen in der Wohnung zu hindern.

Welpen sind mit der Konfrontation mit fremden Personen manchmal noch heillos überfordert, doch auch beim erwachsenen Hund ist nicht selten Unsicherheit vordergründig der Auslöser für abwehrendes Verhalten Besuchern gegenüber. Die enge Situation im Flur, die Hektik der Besitzer bei der Begrüßung des Besuchs, die fehlende Zeit, sich um den verunsicherten Hund zu kümmern oder die Un-

Wenn eindeutig der Hund entscheidet, wer das Haus betreten darf und wer nicht, wird es höchste Zeit für ein gezieltes Eingreifen des Menschen und ein entsprechendes Training im Hausstand.

geduld des Menschen, alles verschlimmert die Situation für den schon leicht panischen Vierbeiner. Wird dann doch auf ihn eingewirkt, so zumeist auf falsche, die Belastung des Moments noch erhöhende Art und Weise: Der Hund wird kurzgehalten, er wird gezwungen, sich mit der Situation auseinanderzusetzen, es wird ihm erklärt, dass doch nur der tierliebende Herr Schmitz zu Besuch gekommen sei, der Druck und die Stressbelastung für das Tier werden immens gesteigert. Diesen Hunden ist selbstverständlich erzieherisch anders zu begegnen als den selbstbewussten Kontrolltypen.

Territoriales Verhalten wird dann zum Problem, wenn es übersteigert gezeigt wird, vom Besitzer nicht kontrolliert wird oder nicht (mehr) kontrolliert werden kann. Oder einfach auch schon dann, wenn es vom Menschen als störend empfunden wird. Doch dann ist zumeist bereits eine weite Strecke auf dem Weg der hundlichen Territorialentwicklung vom Menschen unkommentiert beschritten und verfestigt.

Welche Folgeprobleme entstehen können, wenn übersteigertem Territorialverhalten nachgegeben wird:

Der Hund manipuliert seine Menschen und deren Freundes- und Bekanntenkreis

Wer dem Hund genehm ist, wird als Besucher, wenn schon nicht herzlich willkommen geheißen, dann zumindest im Haus akzeptiert. Personen, die nicht zum »erlauchten Kreis« gehören, haben das Nachsehen. Manchmal sinken diese dann auch in der Gunst des Menschen und ihr Fernbleiben wird nicht lange bedauert. Bestimmt sind es »schlechte Menschen«, wenn der hoch sensible Hund so auf sie reagiert.

Der Hund kontrolliert sein Umfeld
Der Hund entscheidet nach eigenem Gusto, wer sich wann wohin bewegen darf und wer nicht. Wenn massives Kontrollverhalten Besuchern gegenüber gezeigt wird, so neigt der Hund nicht selten dazu, gleiches Kontrollverhalten auch bei seinen eigenen Menschen an den Tag zu legen. Durfte anfangs »nur« der Besuch nicht ins Haus, so vermag später vielleicht der Hausherr selber nicht mehr seine eigenen Räume nach freiem Willen zu betreten oder zu verlassen.

Achtung: Was im häuslichen Bereich und auf dem eigenen Grundstück funktioniert, das wird auch bereitwillig im Auto (rollendes Territorium), im Wohnwagen oder in der Ferienwohnung umgesetzt, und das sogar unter Umständen sehr schnell. Bei manchen Hunden reichen bereits wenige Minuten Verweildauer in einer neuen Umgebung, um territoriales Verhalten aufzuzeigen!

Wettbewerbsaggression
»Zu diesem Punkt gehört alles, was mit dem Disput um bestimmte Ressourcen, normalerweise zwischen Artgenossen, zu tun hat. Ressourcen können Paarungs- oder andere Sozialpartner, räumliche Strukturen, Reviere, Nahrung oder Kombinationen dieser Faktoren sein, oder einfach nur die Individualdistanz, die man gerne aufrechterhalten möchte.« (Gansloßer, 2007) Aus dieser Erklärung heraus wird verständlich, dass sich übersteigertes Territorialverhalten leicht mit anderen, wettbewerbsorientierten Aggressionen vermischen kann. Aus der Bereitschaft, das Territorium generell

Territoriales Verhalten wird auch im Auto, dem rollenden Territorium, gezeigt.

zu verteidigen, können sich spezifizierte Verteidigungsumstände herauskristallisieren: Es wird der Küchenbereich verteidigt, da dort das Futter hergerichtet wird (Motivation der Futterverteidigung); es wird das Wohnzimmer verteidigt, da die Familie dort abends zusammensitzt (soziale Motivation); es wird der Flur verteidigt, da dort der Liegeplatz des Hundes ist (Kernrevier und Einforderung der Individualdistanz). Wie die Zähne eines Zahnrads können Folgeproblematiken ineinandergreifen und sich gegenseitig bedingen

Achtung: Funktionskreise und Motivationen können sich vermischen und einen »brisanten Cocktail« ergeben.

Der aus Unsicherheit aversiv reagierende Hund

Erfolgt eine Fehlinterpretation des Verhaltens durch den Menschen und werden unangepasste Maßnahmen ergriffen, so besteht die Gefahr, dass sich das Verhalten des Hundes immer weiter verschlimmert und die Aggressionen verstärkt werden (Angstbeißer!). Diese Hunde sind mit der Situation völlig überfordert und können nicht über Druck und pures Kommandotraining reguliert werden.

Achtung: Unsichere Hunde reagieren aus einem Selbstschutzgedanken heraus aggressiv. Sie fühlen sich von der Situation überfordert, in die Enge getrieben und unterliegen einem hohen inneren Druck. Aus diesem Druck heraus sind sie bereit, sofort und ohne Vorwarnung anzugreifen, was sie unberechenbar macht. Nach Gansloßer wird dieses Verhalten »durch ein sehr hohes Lernen am Erfolg sehr schnell fixiert«. Bei diesen Hunden gilt es, den stressenden, belastenden Faktor aus der Situation herauszunehmen, statt ständig maßregelnd auf den Hund einzuwirken, was gleichermaßen sinn- wie erfolgslos ist und bleiben wird. Hier muss unter fachkundiger Anleitung eine langsame Desensibilisierung durchgeführt werden, damit der Hund auf Dauer diese Situationen zu bewältigen lernt.

Tipps zur Verminderung des Territorialverhaltens:

- Zeigt der Welpe abweisende Reaktionen auf Besucher, so ist er vorerst noch mit der Situation überfordert. Sinnvoll ist es, den Kleinen, ohne großes Aufheben zu machen oder sein Verhalten zu kommentieren, auf den Arm zu nehmen, um ihm Schutz in dieser »gefährlichen Lage« zu bieten. Optimal wäre es, ihn gar nicht erst in enge Eingangsbereichs- oder Flursituationen kommen zu lassen. Auf keinen Fall darf versucht werden, den »kleinen Angsthasen« durch Erklärungen (die er eh nicht versteht!) beruhigen zu wollen! Nach der Auffassung des Hundes wäre das ein Bestätigen des gezeigten Verhaltens und der Hund lernt: Dieses Verhalten ist von meinen Leuten gewünscht. Es ist die Pflicht des Besitzers, dem Hund die nötige Sicherheit zu vermitteln und die Stressbelastung erträglich und für ihn im zu bewältigenden Rahmen zu halten. Es ist am Menschen, soziale Kompetenz zu beweisen.

Welpen reagieren oft aus Unsicherheit heraus, sie sind mit der Situation überfordert.

Ein Herausnehmen des Hundes aus diesem Konflikt und ein erst späteres Dazuholen kann die Gewöhnung und langsame Stabilisierung des Hundes fördern.

- Lernt der Hund, dass er durch massives Drohverhalten Menschen dazu bringen kann, stehen zu bleiben, sich nicht zu bewegen und sich einschränken zu lassen, hat er gewonnen und wird sein weiteres Verhalten an diesem Erfolg ausrichten. Hier ist es die Aufgabe des Besitzers, dem Hund klare Regeln zu geben, ihn im Zweifelsfall durch eine Leine zu sichern und den Schutz der Unversehrtheit des Besuchs zu gewährleisten. Der Einsatz eines Maulkorbes kann sinnvoll sein, jedoch muss der Hund an das Tragen des Maulkorbes gewöhnt werden. Man gibt mehrmals täglich Futter in den nur in der Hand befindlichen Korb und lässt den Hund dies herausnehmen und fressen. Nach einigen Tagen kann man den Maulkorb anlegen und Futter durch die Gitter schieben. Dann wird der Maulkorb wieder ausgezogen. Damit der Maulkorb nicht mit bestimmten Situationen verknüpft wird, sollte er immer wieder einmal angelegt werden. Maulkörbe müssen gut passen, dürfen keine Druckstellen verursachen oder vom Hund durch Schütteln vom Kopf katapultiert werden können. Empfehlenswert ist es, sich beim geplanten Einsatz eines Maulkorbes durch einen Hundetrainer begleiten zu lassen. Das Maul des Hundes komplett umschließende Maulschlaufen aus Nylon sind abzulehnen, da sie das Trinken, Hecheln und ungehinderte Atmen des Hundes verhindern. Hingegen ist der Einsatz eines Haltis in Kombination mit einer Leine gut möglich, um den Hund sicherer unter Kontrolle zu halten.

- Manche Vierbeiner lassen die Besucher in Ruhe, solange sich diese nicht bewegen. Wird jedoch nur der Versuch unternommen, vom Stuhl oder Sofa aufzustehen, manchmal reicht sogar bereits eine Veränderung der Sitzposition, ist der Hund augenblicklich zur Stelle und bekundet eindeutig seinen Unmut über diese Eigenmächtigkeit des Gastes. In einem solchen Fall muss der Hund über eine Leine gesichert werden, damit sich die Menschen, ohne Ängste ausstehen zu müssen und ohne Stress zu entwickeln, frei bewegen können. Die spannungsfreie Atmosphäre ist gerade auch für den Fellkumpan sehr wichtig, denn er wird Unsicherheiten der Menschen in einer Besuchssituation blitzschnell registrieren und der momentanen Lage zuordnen.

Lernerfolg: Gäste bedeuten potentielle Gefahr, denn Unsicherheit und Angst liegen in der Luft! Dieser innere Alarm wird die Aggressionsbereitschaft des Hundes steigern.

- Immer wieder ist zu erleben, dass der Hundehalter einer zu Besuch kommenden Person Verhaltensmaßregeln vermittelt, was diese zu tun hat, wenn sie das Haus betritt! »Schau´ ihn nicht an«, »Beachte ihn gar nicht«, »Tu´ einfach, als wäre er gar nicht da«, »Wenn du erstmal sitzt, ist er ganz brav!« Im Angesicht eines zähnefletschenden Großhundes ein wahrlich frommer Wunsch und eine etwas naive Bitte an Gäste!
  Statt den Besuchern schlaue Ratschläge und vermeintlich sinnvolle Verhaltensregeln zu erteilen, sollten Halter von territorialen Hunden **diesen** klare Regeln vermitteln und die Mühe, die Energie und die Zeit darauf verwenden, **ihre Hunde** unter Kontrolle zu halten. Deshalb sei Ihnen gesagt: Nehmen Sie Ihrem Hund die Möglichkeit, andere Menschen zu bedrohen oder womöglich zu attackieren, stellen Sie Regeln auf und führen Sie Rituale ein! Als begleitende Maßnahmen und zur Unterstützung Ihrer Bemühungen ist die Bitte um anfängliche Nichtbeachtung des Hundes durchaus legitim, niemals aber als ausschließliches Management der Situation.

- Neutrales oder freundliches Verhalten wird ausdrücklich über Futter oder Lob bestätigt. Doch Vorsicht: Bitte beobachten Sie genau, was Ihr Hund gerade macht, wenn Sie ihn loben, und vermeiden Sie Fehlinterpretationen hundlichen Verhaltens. Schnell ist falsches Verhalten belohnt, z.B. wenn der Hund die Belohnung erhält, weil er gerade ruhig ist, dabei aber fixierend seine Augen auf die Besucher gerichtet hat.

- Im Falle der territorialen Aggression stellt ausschließlich das Training im häuslichen Bereich eine sinnvolle und effektive Maßnahme dar. Es ist immer zu empfehlen, einen Hundetrainer zur Hilfe zu holen, wenn Sie auch nur ansatzweise unsicher und ratlos sind! Hundebesitzer sind mit territorial agierenden Hunden häufig völlig überfordert und können sich und ihren Hunden nicht adäquat helfen. Auch fehlen nicht selten die realistische Bewertung der Situationen und das umfassende Verständnis der Hintergründe für die Verhaltensauslösung.

- Hunden mit ausgeprägtem Territorialverhalten sollten strategisch ungünstige Liege- und Futterplätze zugewiesen werden. Das Körbchen im Eingangsbereich und der Napf neben der Gästetoilette ist denkbar ungeeignet und fordert bei derartigen Charakteren geradezu Verteidigungsverhalten heraus.

Bei territorial ambitionierten Hunden sind strategisch günstige Liegeplätze im Eingangsbereich zu vermeiden.

Übungen zur Gewöhnung an Besucher und zur Umorientierung im Verhalten:

- Die Befolgung der Anweisung »Platz« ist sinnvolle Voraussetzung für diese Übung: Zuerst wird der Vierbeiner gelobt, wenn er an der noch geschlossenen Türe bellt. Er meldet einen Ankömmling, was er tun dürfen sollte, da es seine Aufgabe und ein biologisch verankertes Bedürfnis ist. Dann wird er aber zurückgerufen und auf einen Platz abseits des nun zu erwartenden Begrüßungsgeschehens gelegt. Bleibt er nicht zuverlässig liegen oder haben Sie auch nur Bedenken, dass er ihre Anweisung nicht sicher befolgt, leinen Sie ihn so an, dass er den zugewiesenen Platz nicht verlassen kann. Bedenken Sie, dass in dieser Stresssituation die Reaktionen des Hundes unberechenbar sein können, solange Sie mit dem Trainingsprogramm noch am Anfang stehen. Das Ablegen kann dem Vierbeiner durchaus durch die Gabe eines Hundekekses »versüßt« werden. Verhält sich der Hund still, wenn der Besuch hereinkommt, kann man ihm aus der Distanz ein Leckerchen auf den Platz werfen.

Lernerfolg: **Besuch bedeutet Hinlegen und Futter.** Natürlich klappt das nicht alles gleich beim ersten Mal, doch halten Sie das Ziel im Auge!

- Viele Hunde verhalten sich unkompliziert und benehmen sich neutral, wenn der Besuch im vorgesehenen Zimmer angekommen ist und sich gesetzt hat. Diese Hunde kann man dann hinzuholen und den Kontakt zwischen Vierbeiner und Besuch zulassen.

Ist das aber nicht der Fall, so kann der Hund selbstverständlich angeleint auf seinem Platz bleiben.
Gerade unsichere Hunde fühlen sich unter Umständen wohler, wenn sie aus dem Zentrum des Geschehens herausgenommen werden und aus einer gewissen Distanz dem zwischenmenschlichen Kontakt beiwohnen können. Sie unterliegen dann nicht dem Stress, regelnd und kontrollierend agieren zu müssen, wo sie es eigentlich weder wollen, noch können. So schützen Sie den Hund vor der ihn überfordernden Situation.

- Bei kleinwüchsigen Vierbeinern – bei entsprechendem Platzangebot in der Wohnung natürlich auch bei größeren – empfiehlt sich das Training mit einem sogenannten »Zimmer-Kennel«, einem Drahtgitterkäfig, der den Hund das Geschehen von einem strategisch ungünstigen Platz aus miterleben lässt, ihm aber die Möglichkeit des selbständigen Agierens nimmt. Die Gewöhnung daran muss über einen längeren Zeitraum von ca. 14 Tagen erfolgen und ausschließlich positiv besetzt sein. Dazu werden dem Hund anfangs Futterbrocken, es dürfen auch ganz besondere Leckereien wie Wurststückchen oder Käsehäppchen sein, in den geöffneten, nicht zu kleinen und mit einer gemütlichen Decke ausstaffierten Käfig geworfen. Der Hund kann sich die Bröckchen holen und den Käfig damit auch wieder verlassen. Ist die Scheu überwunden, die Box zu betreten, so kann die Kombination Hausklingel > Box angesetzt werden. Überlassen Sie es nicht dem Zufall, wann eventuell einmal an der Tür geklingelt wird, denn dann sind Sie mit dem Öffnen und dem Ankömmling beschäftigt und haben keine Zeit und vor allem keine Ruhe für den Hund. Bitten Sie einen Nachbarn, die Türglocke zu betätigen, ohne dass dieser Einlass begehrt. Auf das Klingeln hin werfen Sie dem Hund Futter in den Käfig und geben ihm die Anweisung »Box« oder »Decke«. Anfangs wird der Hund aus der Gewohnheit heraus vermutlich bellend und Theater machend zur Tür rennen. Wenn sich dort aber nichts tut und Sie dem auch keinerlei Beachtung schenken, so wird er verdutzt registrieren, dass doch nicht jedes Klingeln mit der Ankunft potentieller Eindringlinge einhergeht. Bald sollte es klappen, dass der Hund in die Box geht und das Futter für wichtiger erachtet.

Lernerfolg: **Klingeln bedeutet Futter in der Box.** Gestaltet sich das Training schwierig, so können Sie den Hund mittels kurzer Leine auch zur Box hinführen und ihm das dort ausgelegte Futter zeigen. Jedoch sollte unbedingt darauf verzichtet werden, den Hund in den Käfig zu schieben oder zu ziehen, da sich sonst nur Aversion gegen diesen anstaut und ein sinnvolles Boxentraining unmöglich wird.
Geht der Hund problemlos in die Box, so kann diese erstmals für eine kurze Zeit geschlossen werden. Wird ein Kauknochen statt eines schnell zu schluckenden Futterbrockens hineingelegt, ist der Hund gut beschäftigt und registriert die verschlossene Tür gar nicht.

Lernerfolg: **Box bedeutet Futter und Verweilen.** So aufgebaut, lässt sich der Hund zukünftig in die Box schicken und somit sichern, bevor Sie die Tür öffnen und Ihren Besuch willkommen heißen. Macht der Hund in der Box Radau, so ist in dieser Situation der Ratschlag des Nichtbeachtens an Ihre Gäste sinnvoll und korrekt.

- Es ist für den Menschen UND den Hund einfacher, wenn ein feststehendes Ritual eingeführt wird. Der Mensch muss nicht immer aufs Neue überlegen: »Was mach´ ich jetzt bloß am besten?« und für den Hund ergeben sich mehr Stabilität und Routine in diesen Situationen. Besonders unsichere Hunde – wie unsichere Menschen auch – profitieren hiervon.

- Dem Hund müssen Abbruchsignale vermittelt werden! Er darf melden und an der Wohnungstür oder dem Gartentor bellen, wenn sich jemand dieser oder diesem nähert. Doch auf »Aus« oder »Ruhe« hat er sich zu beruhigen und dem Menschen die Kontrolle der weiteren Situation zu überlassen. Reagiert er nicht auf die entsprechende Anweisung des Menschen, so kann diese z.B. über eine Wasserspritze verstärkt werden. Verhält der Hund sich aufgrund des Erschreckens ruhig und friedlich, ist dieser sofort zu loben!

- Manchen territorial motivierten Hunden hilft es auch, wenn Besitzer und Hund den Besuch gemeinsam am Gartentor abholen und dann zusammen das Haus betreten.

Statt territorial agierende Hunde frei und unkontrolliert aus der Haustür auf Besucher zuspringen zu lassen, sollten sie angeleint zum Tor geführt werden und lernen, dass der Mensch diese Situation regelt und entscheidet.

Bitte bedenken:

→ Alles, aber auch alles in der Hundeerziehung benötigt drei Voraussetzungen:

1. Zeit
2. Geduld
3. Konsequenz

Es ist die Aufgabe des Besitzers eines territorialen Hundes, diesem klare Regeln zu vermitteln, Rituale einzuführen und Vorkehrungen zu treffen, dass Gäste unbeschadet den Besuch überstehen. Auch der Hund darf durch Besuchssituationen nicht überfordert werden.

Bitte beachten:

→ Die Eingangstüre muss immer so sicher verschlossen sein, dass keine fremde Person einfach so hereinspazieren kann. Dasselbe gilt für das Gartentor; es sollte nicht nur abgeschlossen, sondern am besten noch mit einem Riegel gesichert sein. Außerdem ist der Zaun so zu gestalten, dass niemand hindurchfassen kann, vor allem keine Kinderhände.

4. Hilfe – mein Hund springt jeden Menschen an!

»Oh, jetzt hat er Sie ganz schmutzig gemacht! Er meint das aber nicht böse, er ist nur immer richtig ungestüm und freut sich so!« Nun, leider ist das per Entschuldigung um Verständnis gebetene Gegenüber nicht nur über und über mit Schlammspritzern von schmutzigen Hundepfoten übersät: Die edle Strickjacke weist Laufmaschen auf, in der Hose ist ein Winkelhaken und auch die üppig gefüllten Einkaufstaschen hielten diesem Ausbruch an wilder Freundlichkeit nicht stand, weshalb sich der Inhalt über den Asphalt verteilt. Auch zu viel gut gemeinte Begeisterung für andere Lebewesen kann zu peinlichen Folgen führen und ist durchaus nicht mit dem Hinweis auf die vorhandene Haftpflichtversicherung abgegolten. Und kann sich ein »gestandenes Mannsbild« vielleicht noch beim Freudenansturm eines zwanzig und mehr Kilohundes auf den Beinen halten, so kann ein derartiger oder vergleichbarer Freuden-Enthusiasmus für ein Kind, eine ältere Person oder auch einfach nur für jeden, der mit diesem Überfall nicht rechnet, leicht gefährlich werden. In einigen Bundesländern Deutschland wird das unkontrollierte Anspringen eines Menschen sogar als Gefahr und Bedrohung definiert, selbst wenn es aus freundlichen Motiven heraus geschieht. Ordnungsstrafen und amtliche Schritte können die Folge sein. Doch auch kleine Hunde können unangenehme und beschämende Situationen verursachen. Und runden diese das Anspringprogramm noch durch wildes Um-und-durch-die-Beine-Gewusel ab, so ist die mögliche Gesundheitsbeeinträchtigung durch Stolpereien oder Stürze auch hier nicht zu unterschätzen.

Hunden das Anspringen zu gestatten ist nicht nur lästig, sondern kann auch gefährlich sein.

Ursachen:

Die Gründe für das Anspringen von Menschen sind äußerst vielschichtig, wobei mit dem hier behandelten Zusammenhang des »Anspringens als Unart« kein aggressives Attackieren gemeint ist, denn massives Abwehren oder sogar Angreifen als »Unart« zu bezeichnen, ist doch höchst unpassend, da die Grenze zum Problemverhalten schon überschritten wäre.
Grundsätzlich muss aber unterschieden werden zwischen dem Anspringen der zur eigenen sozialen Gruppe gehörenden Personen (Halter, Familienmitglieder) und fremder Menschen, die zu Besuch kommen oder zum Beispiel auf der Straße getroffen werden. Die erzieherischen Maßnahmen müssen entsprechend abgestimmt werden und situativ passen.
Das freundliche (wenn auch eben unangenehme) Anspringen des Menschen begründet sich zumeist aus dem Wunsch der soziopositiven Kontaktaufnahme. Was das bedeutet? Schauen wir uns Hunde untereinander an: Treffen umgängliche, im Sozialverhalten souverän und verlässlich reagierende Hunde aufeinander, so erleben wir bei ihnen untereinander immer wieder den Versuch, sich gegenseitig die Kopfregion, hauptsächlich den Fang und die Lefzen zu lecken. Dieses »Schnauzenlecken« hat verschiedene Ausprägungen, je nachdem, wer auf wen trifft und wer wie momentan gestimmt ist.

- Als freundliche, soziale Kontaktaufnahme ist es zwischen erwachsenen, gut miteinander bekannten Hunden im Sinne von Schnauzenzärtlichkeiten zu sehen.

Anspringen ist eigentlich eine freundlich gemeinte Geste der Kontaktaufnahme und ist abgeleitet vom Maulwinkellecken der Hunde untereinander.

- Als Demuts- und Unterwürfigkeitsbekundung wird es von jungen Hunden älteren gegenüber gezeigt. Ursächlich entstanden ist diese Form des Schnauzenleckens oder -stupsens aus dem Futterbettelverhalten von Welpen, denn durch das Belecken und Bestupsen der Schnauze veranlassen Welpen ihre Mutter (und unter Umständen auch weitere, zum eigenen Rudel gehörende Alttiere) zum Vorwürgen von Nahrung.

- Als Übersprungshandlung ist das Anspringen des eigenen Besitzers oder einer sehr vertrauten Person in Stresssituationen zu sehen. Der Hund benutzt das Anspringen in diesem Fall zum Abbau des inneren »Drucks«, der inneren Anspannung.

- Und schließlich wird dieses Verhalten auch zur Beschwichtigung mit eingesetzt, wenn Situationen einmal brenzlig werden: Tu mir nichts, ich bin so klein und so unschuldig wie ein Welpe! Wir erleben also das Vorspielen der Welpenrolle als taktische Vorgehensweise in Konfliktsituationen.

- Abschließend muss darauf hingewiesen werden, dass ein wiederholtes Anspringen ein Austesten des Menschen sein kann. Wie weit kann ich gehen als Hund? Was kann ich mir erlauben? Wie reagiert der Mensch, wenn ich das tue? In diesem Fall sollte unbedingt die Hilfe eines Profis in Anspruch genommen werden, der überprüfen muss, was im betroffenen Mensch-Hund-Team nicht stimmig ist. Das Anspringen stellt in solchen Fällen oft nur ein Indiz für Unstimmigkeiten in der Mensch-Hund-Beziehung dar, welches aber von mehr oder weniger stark bemerkbaren Co-Indizien begleitet wird.

Welche Folgeprobleme entstehen können, wenn das Anspringen nicht unterbunden wird:

Wie bereits erwähnt, kann es zu Schäden und Verletzungen bei der angesprungenen Person kommen. Das ist nicht nur ärgerlich und unangenehm für alle Beteiligten, sondern kann auch zu ordnungsbehördlichen Schwierigkeiten für den Hundehalter führen. Hunde, die aus Stressreaktion Menschen anspringen, sollten aus der sie so belastenden Situation herausgeführt werden. Hier muss der Mensch regulativ auf die Situation, nicht aber auf den Hund einwirken, was sich in der Praxis für den Hundebesitzer häufig als schwierig erweist, da er die komplexen Zusammenhänge nicht erkennt oder erkennen kann. In diesem Fall sollte man sich nicht scheuen, Tipps beim Profi einzuholen und den Hund in Zusammenarbeit mit einem Hundetrainer zu desensibilisieren. In kleinsten Schritten muss er mit den ihn belastenden Situationen vertraut gemacht werden und lernen, mit diesem Stress umgehen zu können. Bitte bedenken Sie, dass anhaltender Stress (und damit ist wirklich nur massiver, anhaltender **und für den Hund nicht zu bewältigender Stress** gemeint!) krankheitsverursachend wirken kann und für den Hund eine außerordentliche psychische Belastung darstellt.
Ungestüme, aus purer Lebensfreude und Energie Menschen anspringende Hunde verursachen bei ängstlichen oder den Umgang mit Hunden nicht gewohnten Menschen unter Umständen regelrechte Panik. Und allein deshalb schon liegt es im Verantwortungsbereich des Hundehalters, sein vierbeiniges

Energiebündel unter Kontrolle zu halten, das Anspringen nicht zuzulassen und auf erlaubte Verhaltensweisen umzulenken.

Achtung: Zu temperamentvolles, unkontrolliertes Verhalten äußert sich oft nicht nur im Anspringen! Auch in anderen Bereichen des täglichen Lebens zeigt sich der Hund unter Umständen ungebremst und vor Tatendrang strotzend. Die Rat- und Hilflosigkeit des Menschen, das ungestüme Wesen in geordnete Bahnen zu lenken, wird vom Vierbeiner gern schamlos ausgenutzt mit der Folge, dass er über Tische und Bänke geht, dem Hundehalter die Futterschüssel aus der Hand kickt, beim kleinsten Öffnen einer Tür hindurch schießt, sich weder bürsten, noch abtrocknen lässt und sonstiges!

Immer wieder zeigen gerade junge Hunde das Bestreben, Gesicht und vor allem Mundregion des Menschen zu erreichen. Diese sozio-positive Geste, die aus dem Futterbettelverhalten stammt, darf nicht sanktioniert, muss aber sinnvoll umgelenkt werden, um den Hund mit seiner freundlichen Gesinnung nicht zu verunsichern.

Tipps zur Behebung des Anspringens:

Es ist wichtig zu bedenken, dass das Anspringen eigentlich eine vom Hund freundlich gemeinte Geste ist. Er will seine Zuneigung ausdrücken und einen sozialpositiven Kontakt zum Menschen aufnehmen, wie es unter freundlich gestimmten Hunden untereinander üblich ist. Somit kann und darf dieses Verhalten nicht vom Menschen bestraft werden, denn das würde der Hund nicht verstehen, es würde ihn sogar verunsichern. Vielmehr müssen Maßnahmen ergriffen werden, die dieses Verhalten in gewünschte Bahnen umlenken und den Hund zu kontrollieren verhelfen. Das Einüben bestimmter Rituale ist in diesem Zusammenhang durchaus nützlich!

Anspringen der eigenen Leute

- Handelt es sich beim springfreudigen Hund noch um einen Welpen, also um einen Hund bis maximal zum vollendetem 4. Lebensmonat, dreht der Mensch sich weg und ignoriert den Kleinen. Setzt der Welpe sich verblüfft und mit Fragezeichen über dem Kopf hin, wird er sofort belohnt und erhält den eigentlich von ihm gewünschten Kontakt. Somit wird ein alternatives Verhalten eingeübt und der Welpe lernt aus den unterschiedlichen Reaktionen des Menschen: Springen bringt mir keinen Erfolg, aber wenn ich sitze, dann bekomme ich Streicheleinheiten und der Mensch ist freundlich zu mir.

Um bereits den Welpen vom Hochspringen abzuhalten, wird er »auf unterer Etage« begrüßt.

Um den Welpen gar nicht erst zum Springen zu animieren, kann der Mensch sich frühzeitig hinhocken, um das Hundekind »auf unterer Etage« zu begrüßen und zu empfangen. Sollte sich der Mensch zum Welpen herunterbeugen, so ist unbedingt darauf zu achten, dass die menschliche Körperhaltung nicht bedrohlich auf den Hund wirkt und dieser durch die freundlich gemeinte Kontaktaufnahme des Menschen nicht verunsichert oder gar verängstigt wird.

Um einen freundlichen Kontakt zu fremden Menschen zuzulassen, ein Anspringen aber gleichzeitig zu verhinden, kann der junge Hundezwerg, zumindest bis zu einem gewissen Alter, bis zu welchem das Gewicht des Vierbeiners diese Maßnahme noch zulässt, durchaus auf den Arm genommen werden, um ihn auf gleiche Höhe mit dem Menschen, der Kontakt aufnehmen möchte, zu bringen. Doch auch hierbei ist darauf zu achten, ob der Hund dieser Kontaktaufnahme gewachsen ist oder sich unwohl oder gar ängstlich dabei fühlt! Dann wäre zu Beginn das bloße Tragen des jungen Hundes durch eine Menschenmenge ohne direkten Kontakt empfehlenswerter, um eine Gewöhnung zu ermöglichen.

Auch den Welpen auf den Arm zu nehmen und ihn so in Begrüßungssituationen zu führen, verhindert Springen und schafft zusätzliche Sicherheit durch die direkte Nähe des Besitzers.

- Beim erwachsenen, eigenen Hund gelten im Prinzip die gleichen, zuvor beschriebenen Maßnahmen. Auch hier sollte sich der Mensch wegdrehen und das Verhalten ignorieren, ein alternativ erwünschtes Sitzen des Hundes aber sofort durch freundlichen Kontakt bestätigen. Beim älteren Hund kann man sich hinhocken oder durch freundliches Herabbeugen das Anspringen überflüssig machen.
- Hat der Hund bereits zum Sprung angesetzt, so tritt man schnell einen Schritt seitlich zurück und lässt den Hund ins Leere springen. Sein Ziel, Kontakt zum Menschen zu erhalten, hat er damit nicht erreicht. Als Alternativverhalten lässt man ihn sitzen und widmet sich ihm freundlich, wenn er die Anweisung befolgt hat und brav und ruhig vor einem sitzt.

Hat der Hund bereits zum Springen angesetzt, so dreht man sich von ihm weg und lässt ihn ins Leere springen.

- Kommt der Hund auf den Menschen zugelaufen und springt ihn an, so schnellt man die Hände flach nach vorn unten gegen den Hund. Ein Hund mag nicht gern direkt gegen etwas springen, und so wird er eher auf seinen vier Beinen bleiben. Gleichzeitig muss ein Abbruchsignal »Nein« oder »Lass es« erfolgen und ein Alternativverhalten, z.B. »Sitz«, eingeübt werden.

- Zeigt sich der Hund extrem aufgedreht und ist »völlig aus dem Häuschen«, wenn sein Mensch nach Abwesenheit wieder nach Hause kommt, springt er an ihm hoch und um ihn herum, so wird er komplett ignoriert. Der Mensch geht unbeeindruckt ins Haus, als gäbe es den Hund gar nicht, und widmet sich zuerst irgendeiner nicht mit dem Hund in Verbindung stehenden Beschäftigung (z.B. Post durchsehen, Einkauf wegräumen, Kaffeewasser aufsetzen). Erst, wenn der Hund sich beruhigt hat, wird er begrüßt und wieder wahrgenommen.

- Bei beuteorientierten und verspielten Hunden können auch Futter oder Spielzeug vor der Tür deponiert werden. Kommt man nach Hause, so öffnet man die Tür und kollert ein paar Futterbrocken mit »Such« in den Wohnbereich oder wirft das Spielzeug für den Hund. Dadurch wird die Aufmerksamkeit des Hundes umgelenkt und es wird ihm die erste Anspannung der Wiedersehensfreude genommen. Hat er die Futterbrocken gesucht oder das Spielzeug apportiert, so folgen das eingeübte Alternativverhalten, z.B. »Sitz«, und die Begrüßung.

Achtung: Diese Abfolge eignet sich nur für Hunde, die durch diese Maßnahmen nicht noch mehr aufdrehen und in Rage gelangen oder womöglich das Futter oder Spielzeug dann gegen den Heimkehrer meinen verteidigen zu müssen! Hier geht es ausschließlich um Hunde, die vor lauter Wiedersehensfreude in ihrem Verhalten umgelenkt werden sollen und können und diese Maßnahme spielerisch aufgreifen.

- Erwachsenen Hunden, die sehr penetrant und nachhaltig am Anspringen festhalten, wird dies Verhalten unbequem gemacht. Dazu lässt man sich vom Hund (bitte nur mit dem eigenen, nie mit einem fremden Hund machen!) anspringen, umfasst die Vorderläufe ungefähr eine Handbreit hinter dem Vorderfußwurzelglenk (entspricht dem Handgelenk beim Menschen) jeweils mit einer Hand und hält ihn in dieser Position kommentarlos fest, wie auf dem Bild gut zu sehen ist.
  Der Griff darf nicht zu fest oder gar schmerzend sein. Wird dem Hund die Position unangenehm und will er wieder auf seine Vorderbeine runter, so hält man ihn noch eine kurze Weile von einigen Sekunden fest. Dann entlässt man ihn mit dem Kommando »Runter«, wobei dies exakt in dem Augenblick gesagt wird, wenn er runterspringt oder -rutscht. Die meisten Hunde sind derart perplex über das soeben Erlebte, dass sie sich von allein hinsetzen. Dieses Vorsitzen wird sofort gelobt und belohnt. Nachvollziehbarer Weise eignet sich diese Methode am besten bei größeren Hunden, funktioniert aber bei gelenkigen Menschen auch mit kleinwüchsigen Vertretern.

Festhalten des hochgesprungenen Hundes.

Anspringen von fremden Personen

Immer wieder ist zu erleben, dass der Hundehalter der angesprungenen Person Verhaltensmaßregeln vermitteln will, wie man denn zu reagieren hätte, wenn man vom Hund angesprungen wird! »Schauen Sie ihn nicht an«, »Drehen Sie sich einfach um«, »Tun Sie einfach so, als wäre er gar nicht da«, »Wenn Sie ihn ignorieren, hört er bestimmt gleich auf«, »Haben Sie keine Angst, er ist ein ganz Netter und will Sie nur begrüßen«! Wirklich »tolle« Ratschläge, die zudem in der Praxis häufig gar nicht umzusetzen wären. Wie soll man sich bei einem 60-Kilo-Hund, der sich gerade gegen einen abstützt, noch souverän und beiläufig umdrehen? Wie soll man so tun, als wäre der Hund gar nicht da, wenn er aufgerichtet quasi Auge in Auge mit einem steht und man selber auch noch Angst vor Hunden hat? Was nützt es mir zu wissen, dass das liebe Hündchen ein ganz braver ist, der mich nur begrüßen will, wenn ich meinerseits aber gar kein Interesse daran habe, einen Hund zu begrüßen oder von diesem begrüßt zu werden?

Statt den Mitmenschen schlaue Ratschläge und vermeintlich sinnvolle Verhaltensregeln zu erteilen, sollten Halter von springfreudigen Hunden die Mühe, die Energie und die Zeit darauf verwenden, **ihre Hunde unter Kontrolle** zu halten. Deshalb sei ihnen gesagt: Nehmen Sie Ihrem Hund die Möglichkeit, andere Menschen anzuspringen!

- Springt der Hund Besucher an, so kommt er für die erste Zeit an die Leine. Er lernt, sich ruhig hinzusetzen, und erhält erst dann Aufmerksamkeit.

- Machen Sie Ihrem angeleinten Hund das Anspringen unmöglich, indem Sie beim ersten Ansatz des Hochhüpfens auf die Leine treten, so dass er nicht mehr hochspringen kann. Allerdings müssen Sie dabei schnell genug reagieren (können), außerdem sollte der Hund noch bequem stehen oder sich alternativ setzen oder legen können, ohne sich zu strangulieren, damit ihm diese Alternativhandlung bestätigt werden kann.

Allzu stürmische Hunde springen Menschen nicht nur von vorne an, sondern rennen sie auch leicht von hinten »über den Haufen«!

- Verhält der Hund sich bei ins Haus kommenden Besuchern euphorisch und ungestüm, so wird er auf seinen Platz geschickt und hat dort zu verweilen. Bleibt er nicht von allein dort, so wird er mittels Leine fixiert. Erst wenn der Besuch hereingekommen ist und vielleicht sogar schon Platz genommen hat, darf der Hund dazukommen und Kontakt aufnehmen. Auf diese Art und Weise nimmt man dem Hund auch viel vom Begrüßungsstress, mit welchem manch ein Vierbeiner völlig überfordert ist.

- Besteht die Gefahr, dass der Hund beim Spaziergang andere Passanten anspringt, so wird er frühzeitig zurückgerufen und angeleint, wenn Menschen entgegenkommen. Für das korrekt ausgeführte Rückrufkommando sollte der Hund auch belohnt werden, damit die Motivation des Befolgens hochgehalten wird und der Hund nicht nur die ihn beschränkende Leine zu erwarten hat! Klappt der Rückruf noch nicht zuverlässig, sollte unter Anleitung eines Fachmanns/einer Fachfrau mit der Schleppleine gearbeitet werden.

Bitte bedenken:

Alles, aber auch alles in der Hundeerziehung benötigt drei Voraussetzungen:

1. Zeit
2. Geduld
3. Konsequenz

Vom Grunde her ist das Anspringen aus einer soziopositiven Motivation heraus entstanden, nämlich dem Wunsch nach freundlicher Kontaktaufnahme. Daher darf dieses Verhalten nicht bestraft werden, sondern muss in erwünschtes Alternativverhalten umgelenkt werden!

5. Hilfe – mein Hund rennt Joggern, Fahrrädern, Autos hinterher!

Manch ein Hundehalter verzweifelt schier an der Passion seines Hundes, Joggern, Fahrradfahrern, Motorrädern und Autos hinterherrennen zu wollen. Ein tiefes Durchatmen der Erleichterung, wenn der Vierbeiner in derartigen Begegnungssituationen an der Leine ist. Kann doch so zumindest nicht allzu viel passieren, außer dass es mal wieder peinlich und anstrengend mit dem lieben Tier ist. Erfolgt die Begegnung aber überraschend und der freilaufende Hund kann ungebremst seiner Leidenschaft frönen, so durchlebt der Mensch einen brisanten Cocktail der Emotionen: Wut auf den Fellkumpan und dessen Unkontrollierbarkeit in solchen Situationen, Angst vor dem, was alles passieren kann, von Verletzungen des Menschen und gehörigem Ärger mit dem Geschädigten bis zu Unfällen, die der Hund verursacht oder in welchen er dann verwickelt ist, Rat- und Hilflosigkeit in Bezug auf das eigene momentane und zukünftige Handeln. In manchen Fällen ist allein schon das Gehen an einer befahrenen Straße ein Spießrutenlauf, da »Bello« hinter allem her will, was sich da so auf der Straße bewegt. Das Ende vom Lied ist nicht selten, dass die Orte und Zeiten der Gassirunden geschickt so gewählt werden, dass keine reizauslösenden Faktoren zu erwarten sind, denn um 4 Uhr in der Früh und abends nach 22 Uhr mitten im Wald begegnet einem eher selten ein Jogger, Biker oder Autofahrer. Und tagsüber lassen sich auch Auswege finden, um der Problematik aus dem Weg zu gehen. Zur Not fristet der Hund sein Dasein an der Leine

Gerade was Interessantes gesehen – und weg! Und der Mensch sieht nur noch das schnell kleiner werdende Hinterteil seines vierbeinigen, verschwindenden Kumpels.

und verursacht höchstens Probleme für das menschliche Schultergelenk, wenn er krampfhaft festgehalten werden muss. Problemmanagement statt Problembekämpfung – und im Hinterkopf das feste Vorhaben: Beim nächsten Hund wird alles anders!

Ursachen:

Der Hund stammt vom Wolf ab und trägt die Gene seines wilden Vorfahrens in sich. Somit ist auch unser Familienhund im Grunde ein Raubtier, welches, wenn auch nicht mehr 100%ig biologisch stimmig, Jagdverhalten zeigt. Zum Jagdverhalten gehört der Beutefangtrieb, dieser wird ausgelöst durch schnelle Bewegungen, die vom Hund wegstreben. Gansloßer weist darauf hin, dass »die Reizkombination ›kleiner als ich, schnelle, geradlinige Bewegung von mir weg‹ das klassische Auslöseschema für Beutefang (ist) und als solches sehr schwer zu beeinflussen, Antijagdtraining hin oder her« (2007)! Auch, wenn Hunde in der Regel ein Auto oder einen Jogger nicht als »kleiner als ich« wahrnehmen dürften, bleibt die Reizauslösung über die schnelle, sich entfernende Bewegung erhalten. Zuerst mag Neugier und sogar Verspieltheit die antreibende Feder sein, die den Hund zum Hinterherlaufen motiviert. Doch bald bemerkt der Vierbeiner, dass es Spaß macht, hinterherzulaufen und das Objekt der Begierde zu jagen. Die Ausschüttung der entsprechenden Hormone im Gehirn verstärken den positiven Effekt des Hinterherlaufens und lassen diese Verhaltensweise zu einer selbstbelohnenden für den Hund werden. Das zu toppen ist nicht einfach!

Beutefangverhalten ist eine biologisch verankerte Reaktion auf einen Auslösereiz und beschert dem Hund zusätzlich ein äußerst positives Körpergefühl aufgrund der Ausschüttung entsprechender Hormone. Deshalb sprechen wir hier auch von einer selbstbelohnenden Verhaltensweise.

Leider werden Hunde meist nach äußerlichen Gesichtspunkten ausgewählt, wenige Gedanken werden sich gemacht um Rassetyp, rassebedingte Vorlieben und Bedürfnisse. Gerade Rassen (und deren Mischungen), die von ihrer Art her darauf spezialisiert wurden, auf Bewegungen zu reagieren – wie z.B. Hüte- und Treibhunde – erliegen leicht dem Reiz des Hinterherlaufens. Dass Hütehunde grundsätzlich nicht jagen würden, ist ein Irrglaube, der schnell widerlegt ist, wenn man sich bewusst macht, dass der Hütetrieb aus dem Jagdtrieb züchterisch herausselektiert wurde und dabei lediglich die letzte Sequenz, das »Töten«, eliminiert wurde. Weiter bringen natürlich alle Vertreter der Jagdhundrassen bereits Jagdpassion mit, und die typischen Lauf- und Windhunde erleben pure Lust bei und Freude an der Bewegung, was sie alle anfällig macht für gesteigertes Beutefangverhalten! Wird bei diesen Hunden durch unkluges Spiel, etwa durch exzessives Bällchen- und Stöckchenwerfen ohne sinnvollen Aufbau als Apportierarbeit, die Freude am Hinterherlaufen noch trainiert, womöglich vom Welpenalter an, so wird die Problematik unter Umständen daraus resultierend noch erhöht.

Weiter lernt der Hund natürlich auch (wieder!) am weiteren Erfolg seiner Handlung. Da Jogger oder Fahrzeug sich in der Regel schnell wegbewegen, hat der Vierbeiner sie – seiner Meinung nach – gekonnt in die Flucht geschlagen und somit über das Hinterherjagen die Wahrung der territorialen (mein Gassirevier) und individuellen Gruppen-Sicherheit (meine Menschen) gewährleistet.

Wenn Radfahrer und/oder Jogger stehenbleiben, was ja grundsätzlich richtig wäre, und somit den auslösenden Reiz auslöschen, lernt der Vierbeiner zusätzlich noch, dass er Bewegung einschränken und Menschen manipulieren kann.

Spaziergänger und Jogger finden es wenig beruhigend, wenn Besitzer von freilaufenden Hunden aus der Entfernung versichern, dass der Vierbeiner eigentlich ganz lieb ist und gar nichts tut.

So schön die Rasanz und Dynamik auch anzusehen ist, funktioniert der Rückruf in entscheidenden Situationen nicht, so hat der Mensch ein Problem.

Aber auch eine schlechte Erfahrung kann das lauffreudige Fellknäuel zu einem Hinterherhetzer werden lassen. Erschreckt er sich, wenn plötzlich und völlig unerwartet von hinten kommend ein Jogger oder Radfahrer vorbeizischt, kann blitzschnell die Reaktion des Verfolgens eintreten. »Die auslösenden Reize für Beutefang sind bei den meisten Säugetieren sehr einfach gestrickt, eine schnelle Bewegung (...) von dem Tier weg oder schräg zu seiner eigenen Bewegungsrichtung reicht meist aus, um nahezu reflexartig einen Angriff auszulösen.« (Gansloßer, 2007)
Beutefangverhalten darf nicht mit Aggressionsverhalten verwechselt werden! Der Hund ist nicht wütend auf und ärgerlich über das, was er jagt. Doch vermischen sich auch hier wieder leicht Funktionskreise, nämlich des Beutefangverhaltens und des Schutzverhaltens. Verstärkt wird alles noch zusätzlich, wenn auch der Mensch sich in der Situation erschreckt und dem Vierbeiner mittels Stimmungsübertragung »Gefahr im Anzug« signalisiert.

All das zusammengenommen macht das Abgewöhnen des Hinterherlaufens so immens schwierig, zeit- und arbeitsintensiv. Aber es ist unbedingt notwendig, diesem Verhalten, was eher ein Problem, als eine Unart darstellt, frühzeitig entgegenzuwirken und erzieherisch kanalisierend zu begegnen!

Welche Folgeprobleme entstehen können, wenn selbständiges Nachhetzen nicht unterbunden wird:

Der Hund verfolgt alles, was den Beutefangtrieb auslöst und ist dann unkontrollierbar

Das Jagen und Hetzen von Fahrzeugen, Menschen und Tieren ist für alle Beteiligten gefährlich und stellt ein hohes Risiko dar!

Achtung: Das Ausleben von Beutefangverhalten führt schnell zu einer ordnungsbehördlichen Auffälligkeit, die entsprechend sanktioniert wird. Auch in weiterer rechtlicher Hinsicht bewegen sich Hundehalter von jagenden Hunden auf dem sprichwörtlichen »dünnen Eis«, und durch den Hund entstandene Schäden sind aufgrund der verschuldensunabhängigen Gefährdungshaftung immer vom Halter zu übernehmen. »Wird durch ein Tier ein Mensch getötet oder der Körper oder die Gesundheit eines Menschen verletzt oder eine Sache beschädigt, so ist derjenige, der das Tier hält, verpflichtet, dem Verletzten den daraus entstehenden Schaden zu ersetzen.« (§ 833 BGB)

Eine Anzeige wegen fahrlässiger Körperverletzung gem. § 230 StGB kann den Hundehalter sogar erwarten, selbst wenn »der eingetretene ›Erfolg‹ nicht gewollt, (...) aber bei besserer Vorsicht zu verhindern gewesen (wäre)« (Wienzeck, 2000). Der Gesetzestext besagt: »Wer durch Fahrlässigkeit die Körperverletzung eines anderen verursacht, wird mit Freiheitsstrafe bis zu drei Jahren oder mit Geldstrafe bestraft.«

Auch die Grenzen zu rechtlichen Problemen sind fließend und schnell überschritten, wenn ein Hund sich nicht zurückrufen lässt.

Läuft der Hund hinter allem her, was sich schnell bewegt, so muss ihm ein gezieltes verbales Abbruchsignal wie »Nein« oder »Lass es« vermittelt werden, unter Umständen auch unter Einsatz von Negativverstärkern wie hier im Bild mittels Wasserspritze.

Tipps zur Abgewöhnung des selbständigen Hinterherlaufens und zur Kontrolle des Beutefangverhaltens:

- Die strampelnden Beine von Radfahrern und die zügige Schrittfolge von Joggern fordern geradezu dazu auf nachzulaufen, was zuerst durchaus spielerisch vom Hund gemeint sein kann. Zur Umorientierung kann alternativ bei Begegnungen ein Spieltau aus der Tasche geholt und dem Hund ein lustvolles Zerr- oder Apportierspiel angeboten werden.

- Um die Aufmerksamkeit des Hundes vom Radfahrer oder Jogger wegzulenken, kann Futter in entgegengesetzte Richtung gerollt werden, hinter welchem der Vierbeiner erlaubt und erfolgreich hinterherjagen darf.

- Selber mit dem Hund Rad zu fahren oder Joggen zu gehen, hilft häufig, das Hinterherjagen abzustellen.

- Bieten Sie dem Hund Alternativen an, bei welchen er kontrolliert nachjagen darf. Sinnvolle Möglichkeiten bietet das Reizangeltraining, welches unter Anleitung und Aufsicht eines kompetenten Trainers aufgebaut werden sollte.
  Auch Futterspiele, Fährtenarbeit, Apportierübungen, die eine jagdliche Beschäftigung unter Kontrolle darstellen, gewährleisten eine generelle körperliche und geistige Auslastung.

- Wenn Sie die nahende Reizsituation frühzeitig genug erkennen, leinen Sie Ihren Hund an, schaffen Distanz zwischen sich samt Hund und Reiz und gehen zügig weiter.

- Trainieren Sie den Verhaltensabbruch mittels Schleppleine mit Ihrem Hund. Zur Gegenkonditionierung müssen Alternativverhaltensweisen eingeübt werden, bei denen der Hund ebenfalls Erfolg erzielen kann und erzielt.

Übungen zur Etablierung alternativer Verhaltensweisen:

Zu Beginn der Trainingsphase muss das Alternativverhalten unbedingt ohne Ablenkung eingeübt werden!

- Wenn Radfahrer oder Jogger nahen, geben Sie dem Hund das Kommando »Sitz« und belohnen die Ausführung, siehe Bilder rechts.

- Wenn Radfahrer oder Jogger nahen, geben Sie dem Hund das Kommando »Platz« und belohnen die Ausführung.

- Wenn Radfahrer oder Jogger nahen, geben Sie dem Hund das Kommando »Guck mal« und belohnen ihn bei Aufnahme des Blickkontaktes, s. Bild oben.

- Reagiert Ihr Hund aus Ängstlichkeit und/oder Unsicherheit aversiv auf Radfahrer, Jogger oder Ähnliches, so ist vorrangig an seiner Gestimmtheit in diesen Situationen zu arbeiten (Desensibilisierung). Über positive Erfahrungen muss er erleben und lernen können, dass nichts Bedrohliches für ihn in diesen Konfrontationen enthalten ist. Für die erfolgreiche Umgewöhnung von psychisch instabilen Hunden sollte unbedingt eine Fachfrau/ein Fachmann zu Rate gezogen werden, um gemeinsam den sinnvollsten und effektivsten Erziehungsweg zu finden!

- Reagiert Ihr Hund bereits ängstlich beim bloßen Anblick eines Fahrrades, so platzieren Sie für eine gewisse Zeit ein Rad in der Nähe des Futternapfes. Das kann zu Beginn ein kleines Kinderrad sein, nach einigen Tagen ein normal großes. Hat der Hund sich an das stehende Fahrrad gewöhnt, so wird der Napf unmittelbar daneben gestellt. Funktioniert auch das und er nimmt ohne Scheu sein Fressen auf, so verlagern Sie das Training nach draußen, wozu Sie nun eine dem Hund vertraute Hilfsperson brauchen. Während Sie Ihren Hund füttern, schiebt bzw. fährt der Helfer mit dem Rad auf und ab oder in einem größeren Bogen um Sie und den Hund herum. Mit der Zeit kann der Bogen enger gefahren werden bzw. Sie gehen neben dem langsam fahrenden Rad her und geben dem Hund Futterbröckchen um Futterbröckchen. Auch hierbei können Sie die Trainingsmethode des nach hinten geworfenen Futters einsetzen, wie im Kapitel »Hilfe – mein Hund zieht an der Leine«

beschrieben, und die Aufmerksamkeit von dem, was sich vor ihm ereignet, ablenken.

- Manchmal hilft es dem ängstlichen Hund auch, wenn Sie einen Bekannten bitten, mit dem Rad hinterherzufahren und eine Begegnungssituation herbeizuführen. Ist der Rad fahrende Bekannte auf Ihrer und Ihres Hundes Höhe angelangt, so hält er an und führt ein freundliches Gespräch mit Ihnen. Verhält der Hund sich ruhig und entspannt, so darf er natürlich auch von dem Bekannten einen Futterbrocken zur Belohnung erhalten und die Erfahrung machen, dass Menschen auf Fahrrädern doch nette Unterbrechungen des Spaziergangs darstellen.

- Verhindern Sie Lern- und Lusterfahrungen in der frühen Jugend des Hundes und achten Sie darauf, dass der jugendliche Hund keine positiven Erfahrungen mit dem selbständigen Losrennen machen kann! Ein bewegungs- und erkundigungsfreudiger Junghund gehört an die Schleppleine, um ihm derartige Erfahrungen verwehren zu können. Auch sollte der Junghund nicht mit jagdfreudigen (unerzogenen!) Hunden »auf Pirsch« gehen können!

- Einige Hunde verlieren die Lust am schnellen Laufen, wenn sie Packtaschen tragen. Sind diese dazu noch eine Nummer zu groß und schlackern bei schnelleren Bewegungsabläufen um die Beine, so verlieren manche Hunde den Spaß am Rennen.

Den Hund in jeder Situation abrufen zu können, ist eigentlich das wichtigste Erziehungsziel, das es gibt!

- Für viele Hunde hat sich auch die (frühe!) Etablierung eines »Zauberwortes« (heute auch werbewirksam »Supersignal« genannt) als lohnenswert erwiesen. Dieses spezielle Wort wird über extremes Lob, Spiel, Anerkennung und »Super-Leckerchen« vermittelt und in Verbindung zu einem bestimmten Befehl gebracht (Steh, Zurück, Platz u.a.). Dieses »Zauberwort« muss zwischendurch immer wieder trainiert werden, doch sollte es für besondere Situationen aufgespart und die Befolgung IMMER ausdrücklich bestätigt werden.

Bitte bedenken:

→ Alles, aber auch alles in der Hundeerziehung benötigt drei Voraussetzungen:

1. Zeit
2. Geduld
3. Konsequenz

Ein gezieltes und organisiertes Üben ist unbedingt nötig! Überlassen Sie die Trainingssituation nicht dem Zufall, sondern stellen Sie derartige Begegnungen, damit Sie als Hundehalter «im Ernstfall« vorbereitet sind und in der Situation richtig und angemessen reagieren können.
Generell muss darauf geachtet werden, dass der Hund »gut erzogen« wird. Dann klappt es mit ein bisschen Übung auch zufriedenstellend bei den diversen möglichen Begegnungen im Alltag.

6. Hilfe – mein Hund zieht an der Leine!

»Eins-zwei-drei im Sauseschritt läuft die Zeit, wir laufen mit.« So lautet ein Ausspruch des allseits bekannten Wilhelm Busch, welches wir für unser Kapitel vortrefflich umformulieren können: Eins-zwei-drei im Sauseschritt läuft der Hund, der Mensch läuft mit. Und genau darin liegt das Problem!

Jeder Hundebesitzer träumt vom entspannten Spaziergang mit einem zwar angeleinten, aber locker neben dem Menschen hertrabenden, fröhlichen Hund. Der Hund passt sich der Geschwindigkeit seines Zweibeiners an, setzt sich brav, wenn Herrchen stehenbleibt, schlägt sofort eine andere Richtung ein, wenn Frauchen um die Ecke biegt. So weit, so gut – geträumt. Denn leider sieht die Realität in den meisten Fällen ganz anders aus. Der Hund marschiert an straffer Leine voran, Herrchen oder Frauchen mit hochrotem Kopf hinterher. Je nach Größe und Kraft des Hundes hat der Mensch noch einen normalen Schrittrhythmus mit weit vorgestrecktem, weil durch den Hund nach vorn gezogenen Arm, oder er stolpert bereits etwas unkontrolliert und leicht gehetzt in die durch den Hund vorgegebene Richtung. Von Entspannung keine Rede, für keinen Part der Beteiligten. Häufig wird das Szenario akustisch begleitet von den Würge- und Keuchgeräuschen des ziehenden Hundes und den verzweifelten – wie vergeblichen! – verbalen Versuchen der Korrektur durch den Menschen: »Fuuuuuuuuuß!«, »Hör auf, so zu ziehen!«, »Lass es sein, komm hier, geh anständig!«

Nein, hier, Fuß, komm – und dennoch zieht der Hund ungestört, wohin er will.

Kleinwüchsigen Hunden wird das Ziehen oft durchgelassen, weil man sie ja problemlos halten kann.

Bei kleinwüchsigen Hunden wird das Ziehen an der Leine zwar als unschön und etwas lästig empfunden, da es kräftemäßig aber keine allzu große Anstrengung bedeutet, den »starken Zwerg« zu halten, wird es genervt und verlegen lächelnd hingenommen. Bei größeren Kalibern werden die »Karrengaul-Ambitionen« jedoch eher als Problem empfunden. Spätestens nach fast ausgekugelten Schultergelenken oder durch eigenmächtiges Vorpreschen des Vierbeiners verursachte Schläge in die Wirbelsäule des Halters wird die gesamte Situation gesundheitsgefährdend. Und ungesund ist das Ziehen des Hundes an der Leine für den Hund selber letztlich auch. Aus Vorbeugung dem Hund dann aber lieber ein Brustgeschirr anzuziehen, damit er sich eben beim Ziehen nicht »wehtut«, ist sicherlich nicht der Weisheit letzter Schluss.

Grundsätzlich muss unterschieden werden zwischen dem Befehl »Fuß« und dem Gehen an lockerer Leine, der sogenannten Leinenführigkeit!

Während eines normalen Spaziergangs in der Stadt, überall dort, wo Anleinpflicht besteht, bei allen Gelegenheiten, bei welchen der Hund eben nicht frei laufen kann, sondern an der Leine geführt wird, muss er nicht permanent »Bei Fuß« gehen! Doch sollte er lernen, seinen Menschen zu begleiten und mit locker durchhängender Leine neben ihm herzulaufen. Die Leine wird im optimalen Fall zum nonverbalen Signal, ist sie am Halsband oder Brustgeschirr eingehängt, wird gesittet und ohne Zug gelaufen und weder auf andere Menschen, Tiere oder sonstige Dinge des hundlichen Interesses hingezogen. Die Aufmerksamkeit ist dann beim eigenen Menschen, nichts und niemand ist zusätzlich von Interesse. Doch zugegeben, der Weg dorthin ist nicht immer ganz einfach … – und schnell erreicht schon gar nicht!

»Bei Fuß« ist eine Anweisung an den Hund, bei welcher er gezielt an der ihm zugewiesenen Körperseite des Menschen auf Kniehöhe zu laufen hat. Bei normalen Gängen mit dem Hund muss dieser aber nicht permanent »Bei Fuß« gehen, wohl aber an locker durchhängender Leine den Menschen begleiten (siehe auch Foto Seite 73).

Ursachen:

Auch hier ist wieder zu sagen: Leinenzieher werden nicht als Leinenzieher geboren. Die Ursache für dieses Verhalten liegt in nicht frühzeitig genug erfolgter Unterbindung des Ziehens oder in falsch angesetzten und somit vom Hund falsch verstandenen Erziehungsmaßnahmen. Bereits beim Welpen muss das so eigenmächtige, wie tatkräftige Streben nach vorn unterbunden werden, auch wenn es noch (!) als niedlich, keck und unternehmungslustig bewertet wird. Der kleine Kerl zieht und der Mensch läuft hinterher – man kriegt ihn ja letztlich noch gut gehalten und alles Weitere kommt später! Der Welpe lernt somit: »Ziehen lohnt sich und bedeutet, dass ich schnell dahin komme, wo ich gerade hin will.« Erinnern wir uns: Hunde agieren erfolgsorientiert und hier lernt der Welpe am Erfolg seines Zieh-Engagements.

Das Gehen an lockerer Leine muss bereits mit dem jungen Hund geübt werden.

Für erwachsene Hunde bedeutet die Leine häufig eine von ihnen schwer zu akzeptierende Einschränkung, sei es, weil die Leine sie in ihrem Radius begrenzt, oder auch, weil sie sie verunsichert bis ängstigt. Deshalb wird sich einerseits gegen sie aufgelehnt und andererseits ihr zu entkommen versucht. Verunsicherung und Angst ist vor allem bei ehemaligen Straßenhunden zu erleben, die das Laufen an der Leine nie gelernt haben, die sich durch die Leine kaum zu ertragenden Reizen ausgesetzt sehen, ohne sich diesen entziehen zu können, obwohl sie am liebsten flüchten würden. Derartiges erlebt man häufig mit Hunden aus südlichen und osteuropäischen Ländern, die Kindheit und Jugend weitestgehend selbstbestimmt und sich selbst überlassen verlebt haben. Auch unterbeschäftigte Hunde und solche, die sich, aus welchem Grund auch immer, nur sehr schwer auf etwas konzentrieren können, neigen zum Ziehen an der Leine. Viele unserer Fellnasen ziehen besonders intensiv, wenn es zum Spaziergang losgeht und das Haus verlassen wird. Schließlich ist jetzt »Action« angesagt und da gerät man als energiegeladener Hund vor lauter Vorfreude und Enthusiasmus schnell komplett aus dem Häuschen!

Ungestüme Begeisterung zu Beginn des Spaziergangs erschwert ein gesittetes Gehen.

Mit der Leine sollte durch den Menschen vorausschauend und umsichtig umgegangen werden. Dazu gehört auch, dass Hunde nicht nur dann angeleint und an der Leine geführt werden, wenn es die Situation gerade erfordert. Wird der Hund nur angeleint, wenn es nach Hause geht, wenn ein Spiel beendet ist, wenn es durch die, nach vielerhund Meinung langweilige Stadt geht usw., dann wird die Leine schnell negativ besetzt. Deshalb sollten Hunde durchaus auch zwischendurch angeleint geführt werden, wenn es die Situation eigentlich gerade nicht unbedingt erfordert.

Stolperfalle Rollleine!

Nicht nur die Erfahrung: »Ich ziehe, mein Mensch geht mit, ich komme ans Ziel!« lässt einen Hund zum Leinenzieher werden, sondern auch Leinen, die dem Hund positive Zugerfahrungen bescheren. Und das sind Rollleinen, besser bekannt als Flexileinen (Flexi ist ein Markenname, Rollleine bezeichnet die Wirkungsweise). Diese 3, 5, 8 oder sogar 10 m langen Leinen befinden sich aufgerollt in einem tragbaren Plastikgehäuse mit Handgriff. Legt der Hund nun Druck aufs Halsband oder Brustgeschirr und zieht dadurch an der Leine, so kann er diese selbständig ausziehen und erhält mehr Bewegungsradius. Zwar lassen sich diese Leinen auch auf jede gewünschte kürzere Leinenlänge feststellen, jedoch erfolgt das Verkürzen und Feststellen eigentlich nur in solchen Situationen, in denen das im weiteren Radius Herummarschieren des Hundes nicht möglich oder erwünscht ist, z.B. in der Stadt oder beim Passieren anderer Menschen oder Tiere. Dann aber zieht der Hund erst recht! Erstens hat er bereits die Erfahrung gemacht:

Rollleinen, sogenannte Flexileinen, bringen vielen Hunden das Ziehen erst bei.

Und bei kräftigen Hunden ist der Gebrauch einer Rollleine noch fataler. Solche Leinen sind nur etwas für bereits gut leinenführige Hunde, die zeitweise, z.B. wegen Läufigkeit oder Krankheit, konstant an der Leine geführt werden müssen.

Kräftig ziehen bringt mir mehr Leinenlänge, zweitens wird gerade in diesen Situationen die Aufmerksamkeit des Hundes und seine Reaktion besonders beansprucht, erhält aber eine zweifelhafte Wechselwirkung, denn der Hund denkt: »Es kommt uns jemand entgegen und mein Mensch holt mich näher zu sich. Bestimmt hat er Angst, deshalb muss ich ihn jetzt beschützen.« Die kurzgenommene Leine wird zum Signal »Alles Entgegenkommende bedeutet eine potenzielle Gefahr!« Und Angriff ist bekanntlich die beste Verteidigung. Somit wird der Leinen-Zieher von heute leicht zum Leinen-Aggressor von morgen, der angeleint seiner Umwelt mit massiven Abwehrmechanismen begegnet.

Eine Rollleine empfiehlt sich nur für bereits gut leinenführige Hunde, die z.B. aus Krankheitsgründen oder bei Hündinnen wegen einer Läufigkeit, an der Leine geführt werden müssen. Zwar kann auch mit einer Rollleine gezielt gearbeitet und trainiert werden – doch wer macht das schon?
Fatal und aus oben beschriebenen Gründen grundsätzlich abzulehnen ist der Einsatz von Rollleinen bei Welpen und jungen Hunden.

Welche Folgeprobleme entstehen können, wenn dem Ziehen nachgegeben wird:

Der Hund manipuliert seine Menschen
Der pfiffige Fellkumpan erspürt die wunden Punkte seiner Menschen par excellence und entwickelt schnell für ihn Vorteile bringende Strategien. Wenn ich willensstarker, kräftiger Hund so zielstrebig ziehe und mich richtig anstrenge, dann erreiche ich das Ziel,

Ziehende Hunde hängen in der Leine wie der sprichwörtliche »Karrengaul«.

wo ich hin will. Hat der Mensch gerade keine Zeit, konsequent auf das Ziehen zu reagieren und korrigierend einzuwirken, weil er termingebunden schnell von A nach B muss, dann sollte der Hund lieber zuhause bleiben oder alternativ mit Kommando »Zieh« bewusst – und erlaubt (!) ziehend geführt werden

Achtung: Was beim Ziehen klappt, funktioniert vielleicht auch in anderen Bereichen des täglichen Zusammenlebens. Das Ziehen an der Leine ist nicht selten nur ein Indiz für grundsätzlich fehlenden oder mangelhaften Grundgehorsam. Auch hier ist die Forderung nach absoluter Konsequenz unumgänglich! Und absolut bedeutet 100 %, denn 99 % begünstigt bereits wieder die vom Hund so schamlos ausgenutzte Inkonsequenz, die dem Vierbeiner nur mal wieder beweist, dass Hunde den längeren Atem haben.

Leinenaggression

Hunde, die bereits beim Laufen an der Leine durch ihren Menschen nicht korrigiert werden, werden meist auch bei anderem negativen Gehabe an der Leine nicht oder nicht hundeverständlich korrigiert. Im schlimmsten Fall kann sich daraus eine Leinenaggression gegen andere Hunde und/oder Menschen entwickeln oder auch »nur« allzu stürmisches Gebaren beim Anblick weiterer Reize.

Deshalb gilt die bekannte Redewendung: Wehret den Anfängen!

Achtung: Wer kennt ihn nicht, den Hund der zu jedem Hund und zu jedem Menschen hinzieht. Mit dem Zulassen des Ziehens an der Leine legen Sie hier schon die Grundlage für ein solches Verhalten. Der Hund zieht auf sein Ziel zu, weil er gelernt hat, dass er es dann auch erreicht. Und somit wird er es immer wieder versuchen. Aus diesem Grund ist einem angeleinten Hund der Kontakt zu anderen, **fremden** Hunden und zu Menschen zu untersagen, bei Bekannten kann ein Kontakt zugelassen werden, aber nur mit dem entsprechenden Erlaubnis-Kommando!

*Hunde sollten von Jugend an lernen, dass sie angeleint keinen Kontakt zu anderen, **ihnen fremden** Hunden aufnehmen dürfen. Die Leine verhindert oder erschwert hundliche Kommunikation und birgt viele Risiken. Auch ist nicht jeder Hund über die erzwungene Kontaktaufnahme glücklich, fühlt sich verunsichert oder bedroht und würde sich der Situation am liebsten entziehen. Aggressives Verhalten an der Leine aus unterschiedlichen Gründen ist nicht selten.*

Tipps zur Behebung des Leinenziehens:

Der aus Unsicherheit oder Angst, also aus dem Wunsch zur Flucht heraus, ziehende Hund wird über eine positive Besetzung unterschiedlichster Alltagssituationen an die Leine gewöhnt.

- Er wird angeleint und zum Futter geführt

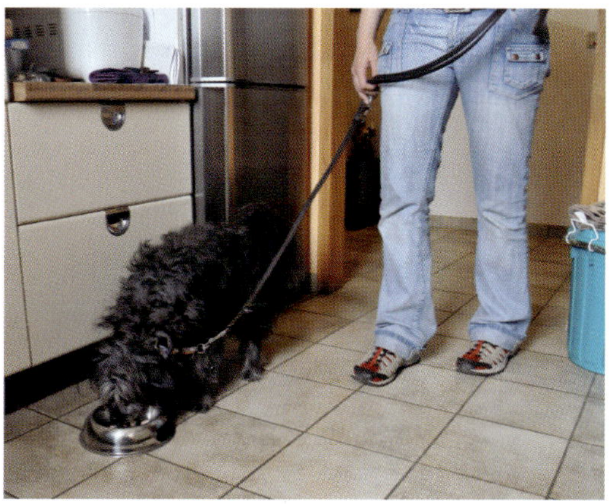

Hunde, die mit der Leine Unangenehmes verbinden, können über angenehme Erfahrungen an die Leine gewöhnt werden, z.B. wenn sie angeleint zum Futter geführt werden.

- Er wird angeleint und mit ihm wird gespielt
- Er wird angeleint und mit ihm wird geschmust
- Er wird angeleint und erhält einen schönen Knochen

Die Leine wird also in den unterschiedlichsten Situationen positiv besetzt, so dass der Hund in erwartungsvolle Vorfreude versetzt wird, wenn er sie sieht, und seine Unsicherheit und Ängste zu überwinden lernt.

- Für den aufgrund von Konzentrationsschwierigkeiten ziehenden Hund empfiehlt sich für das anfängliche Training eine längere (z.B. 5 Meter) Leine. Sie ist für den Hund einfacher zu begreifen und ermöglicht auch

Locker an der Leine zu laufen, kann mit unterschiedlichen Leinenlängen geübt werden.

dem Menschen einen größeren Spielraum für angepasste Reaktionen. Der Hund kann über Futter oder Spielzeug motiviert werden näher beim Menschen zu laufen und die Nähe zum Menschen als lohnenswert erleben. Funktioniert es an der längeren Leine gut, den Hund freudig und konzentriert bei der Sache zu halten, kann auf eine kürzere Leine übergegangen werden.

- Der aus Vorfreude und purer Energie zu Beginn des Spaziergangs massiv ziehende Hund wird vor Aufnahme des eigentlichen Rundgangs zuerst im Garten zehn Minuten beim gemeinsamen Spiel »ausgepowert«. Ist er bereits etwas müde und ausgeglichener, wird die Gassirunde mit ihm sicherlich entspannter vonstatten gehen können.

Übungen zur Vorbeugung des Ziehens bzw. zur Umorientierung:

- Ein Helfer hält den Hund an der Leine fest, während der Besitzer dem Hund zeigt, dass er für ihn – vorerst unerreichbar in einiger Entfernung! – einige Futterbrocken auf den Boden legt. Nun wird der angeleinte Hund vom Besitzer übernommen und in die Richtung des ausgelegten Futters geführt. Beginnt er, darauf zuzuziehen, bleibt man sofort mit ihm stehen. Verhält er sich ruhig und nimmt den Zug aus der Leine, wird der nächste Schritt Richtung Futter angetreten. Zieht der Hund erneut, wird sofort wieder angehalten. Geht der Hund ruhig, so geht

a) In einiger Entfernung wird die Futterschüssel positioniert. Der Hund soll in dieser Übung lernen, dass ihn sein Ziehen nicht zum Ziel bringt.

b) Zieht der Hund darauf zu, bleibt der Mensch stehen und hält den Hund fest.

c) Setzt der Hund sich ruhig hin, wird ein Stück weiter auf die Schüssel zugegangen. Wird wieder gezogen, bleibt der Mensch auch wieder stehen.

d) Geht der Hund ruhig, so geht es weiter Richtung Schüssel, bis sie erreicht ist und der Hund dort fressen darf.

es weiter. Wird das ausgelegte Futter ohne zu ziehen erreicht, so darf er dies auf Kommando fressen. Der Hund soll lernen: Ziehen bringt mich nicht zum Ziel!

Es ist wichtig bei dieser Übung, dass der Hund sieht, **wer** ihm das Futter auslegt, nämlich sein eigener Mensch. Schließlich wollen wir nicht den Hund dazu animieren, später fortan alles vom Boden aufzusammeln, was ihm gerade in den Sinn oder schmackhaft vor die Schnauze kommt!

- Der Mensch geht mit seinem angeleinten Hund parallel zu einer Mauer oder Hecke, der Hund befindet sich zwischen Mauer oder Hecke und Mensch. Der Mensch hält den Hund neben sich und stellt beim Laufen immer das linke Bein leicht vor den Hund, so dass dieser nicht vorpreschen und überholen kann. Bleibt der Hund an der Seite des Menschen, so wird er deutlich gelobt. Diese Übung erfolgt zu Beginn nur über eine kurze Strecke und wird dann langsam gesteigert.

- Der stets nach vorn strebende Hund wird auf Futterbröckchen, die der Mensch in der Hand hält, aufmerksam gemacht. Ist er daran interessiert, wird ein Bröckchen nach hinten, also ein Stück zurück geworfen. Hat er es sich geholt und kommt wieder zum Menschen nach vorn, wird ein weiteres Bröckchen nach hinten geworfen. Die Aufmerksamkeit des Hundes wird so mit der Zeit eher nach hinten gelenkt und ist nicht mehr nach vorn gerichtet.

- Sinnvoll und effektiv, wenn auch für viele Hundebesitzer unglaublich schwer konsequent (!) umzusetzen, ist der Richtungswechsel. Hierbei geht es keinesfalls darum, den Hund »mit Schmackes« in eine andere Richtung zu katapultieren! Vielmehr dreht sich der Mensch einfach souverän in entgegengesetzte Richtung um, sobald der Hund nach vorne marschiert und Zug auf die Leine zu bringen droht, und setzt seinen Weg unbeirrt vom Hund weg fort. Ist der Hund gefolgt und hat die Höhe des Menschen erreicht, wird er gelobt und über Stimme oder sonstige Belohnung bestätigt. Strebt er wieder nach vorn, erfolgt sofort ein neuer Richtungswechsel. Diese Übung darf natürlich nicht angesetzt werden, wenn der Mensch unter Zeitdruck steht, weil z.B. das Kind in

Das kommentarlose Gehen mit häufigem Richtungswechsel und Bestätigung, wenn der Hund folgt, erweist sich in vielen Fällen als sinnvolle Übung, um Führigkeit und Konzentration des Hundes zu verbessern.

den Kindergarten muss oder das Essen auf dem Herd verkocht! Auch empfiehlt sich für den Anfang eine reizarme Umgebung, z.B. eine schöne große Wiese, auf der man mit seinem Hund ungestört üben kann. Alternativ zum Richtungswechsel, vor allem bei jungen Hunden, kann ein bloßes Stehenbleiben als Reaktion auf Ziehen eingeführt werden. Bedenken wir: Der Hund will Erfolg haben und sein Ziel erreichen und macht so die Erfahrung, dass ihn sein Ziehen nicht zum Ziel führt und der gewünschte Erfolg ausbleibt!

- Als Alternative zum unerwünschten Ziehen wird dem Hund das erlaubte Ziehen beigebracht. Um den Unterschied für den Hund noch deutlicher zu machen und eine klare Verknüpfung für ihn herzustellen, wird ihm zum erlaubten Ziehen ein Brustgeschirr angelegt. Mit Kommando »Zieh« darf er nun nach Herzenslust und Muskelkraft nach vorne streben. Wird das Geschirr ausgezogen und der Hund stattdessen mit Halsband geführt, ist das Ziehen nicht gestattet. Für dieses Training kann der Hund auch Geschirr und Halsband gleichzeitig tragen und die Leine wird je nach Trainingseinheit da oder dort eingeklinkt. Wer nun meint, der Hund könne solche feinen Unterschiede nicht auseinanderhalten, der möge sich vor Augen halten, welch nuancierte Lernerfolge ein Hund bei entsprechendem Training erzielen kann. Es ist alles eine Frage der menschlichen Konsequenz, der Motivation und Anleitung des Hundes und der Trainingsintensität. Meister fallen auch vierbeinig nicht vom Himmel!

Hund mit Halti, einem Kopfhalfter für Hunde.

- Bei sehr hartnäckigen »Zughunden« ist der zeitweilige Einsatz eines sogenannten »Haltis« häufig erfolgsversprechend. Hierbei handelt es sich um eine Art Halfter für den Hund, durch welches der Hund bereits im Kopfbereich zu kontrollieren ist. Ein Halti muss immer individuell angepasst und sorgfältig antrainiert werden. Die meisten Misserfolge beim Gebrauch des Haltis basieren allein auf einem schlecht sitzenden Halti, auf mangelnder oder eventuell gar nicht erfolgter Gewöhnung des Hundes und auf unsachgemäßer Anwendung! Kaufen, anziehen, loslegen ist absolut abzulehnen. Die Handhabung und die notwendigen Korrekturschritte sollte sich der Hundehalter durch einen geeigneten Hundetrainer vermitteln lassen.

Bitte bedenken:

→ Alles, aber auch alles in der Hundeerziehung benötigt drei Voraussetzungen:
1. Zeit
2. Geduld
3. Konsequenz

Absolut abzulehnen bei der Korrektur des an der Leine ziehenden Hundes sind Maßnahmen und angebliche «Hilfsmittel«, die über Schmerzzufügung arbeiten.
Dazu gehören:

- Stachelhalsbänder (mildernd auch als Korallenhalsbänder bezeichnet)
- Kettenwürger (Kettenhalsbänder ohne Stoppvorrichtung, die zuziehen und den Hund würgen)
- Oberländerhalsbänder (Lederhalsbänder mit innen angebrachten Nägeln)
- Stromreizgeräte
- »Erziehungsgeschirre«, bei denen dünne Schnüre in die Achseln des Hundes schneiden, wenn dieser zieht

Aufgrund des erfahrenen Schmerzes wird der Hund erst recht versuchen, nach vorne zu fliehen. Schmerz erzeugt Panik, Panik erzeugt Fluchtverhalten – mit allen zugehörigen Hormonausschüttungen im Gehirn! Eventuell stellt sich ein kurzfristiger Erfolg ein, doch langfristig gesehen überwiegen die negativen Folgen – auch für Ihre Beziehung zum Hund und das Bindungsverhältnis.

7. Hilfe – mein Hund pöbelt an der Leine Artgenossen an!

Irgendwann passiert es zum ersten Mal: Herrchen/Frauchen sind unterwegs mit dem angeleinten Hund und ein anderer Hundebesitzer kommt ihnen entgegen. Obwohl der andere Vierbeiner völlig ruhig und locker neben seinem Menschen hertrabt, beginnt der eigene plötzlich zu randalieren. Gekläffe und Gebluffe, begleitet von Knurren aus tiefster Kehle, und »Freestyle-Jumping« auf und ab mit Sprüngen in die Leine auf den Kontrahenten zu. Nanu, was ist denn jetzt los? Das hat er doch noch nie gemacht? Die durchaus ernst gemeinten, aber eher hilflos vorgebrachten Versuche, den Fellkumpel zu »beruhigen«, ihn sanft zu streicheln und ihm zu erklären: »Aber das ist doch der Arco von Herrn Schmitz, den kennst du doch!«, schlagen fehl. Und viel schlimmer noch: Nur einige wenige Begegnungen, die auf diese Art und Weise ablaufen, und der Vierbeiner hat gelernt, was wir ihm eigentlich gar nicht beibringen wollten. »Wenn ich Theater mache, werde ich angesprochen, gestreichelt, gelobt! Also weiter damit und am besten alles noch steigern!«

Beim jungen Hund wird es womöglich als lustig und erfreulich angesehen, wenn der Knirps mit Gejaule und Gequietsche auf einen anderen Hund zustrebt und sein Ansinnen auch mittels Kläffen, Knurren und Winseln durchzusetzen versucht. Von »Ach, wie bist du mutig« über »Der ist einfach an allem interessiert« reichen die Erklärungsansätze der Besitzer, die sich schmunzelnd zum Objekt der Begierde hinziehen lassen. Und es wird noch immer geschmunzelt, wenn der vierbeinige Geselle plötzlich im Verhalten umschlägt und nun, gestärkt durch Herrchen oder Frauchen am anderen Ende der Leine, nach seinem Gegenüber schnappt. »Och, nu? Will er doch nicht spielen? Komm, dann gehen wir mal besser ganz schnell weiter unseres Weges!«

Viele Hunde gebärden sich bereits wie toll, wenn sie einen Artgenossen nur in der Entfernung sehen.

Würde die Leine sie nicht zurückhalten, würden sie vorschnellen wie eine abgefeuerte Kanonenkugel.

Ist die Entfernung zum Artgenossen zu gering, erfolgt die Begegnung Hund zu Hund oder reagiert womöglich auch noch der andere Hund, so wird die Situation zusätzlich erschwert.

Das Trainingsziel ist, dass der Hund sich ruhig verhält, wofür er natürlich belohnt wird. Die ganze Sache wird ihm dadurch erleichtert, dass der passierende Kontrahent auf der ihm abgewandten Seite vorbeigeführt wird.

Für junge Hunde kann es ein regelrecht traumatisches Erlebnis sein, wenn sie durch einen Leinenpöbler attackiert und somit massiv verunsichert werden.

Ursachen:

Auch in diesem Kapitel darf festgestellt werden: Leinenstänkerer werden nicht als Leinenstänkerer geboren. Die Ursache für die Etablierung dieses Verhaltens liegt in nicht frühzeitig genug erfolgter Unterbindung des Pöbelns oder in falsch angesetzten und somit vom Hund falsch verstandenen Erziehungsmaßnahmen.
Leinenpöbelei wird oft das erste Mal im Alter ab ca. 5–6 Monaten gezeigt, dies ist abhängig vom Hundetyp. In dieser Zeit durchleben die Vierbeiner eine Unsicherheitsphase, die eventuell noch als Erbe der wölfischen Abstammung zu erklären ist. Jungwölfe verlassen in diesem Alter erstmals das ihnen vertraute Kerngebiet und reagieren unsicher auf die neue Welt um sie herum.

Wird aus dieser Unsicherheit heraus abwehrendes, aggressives Verhalten gezeigt, welches vom Menschen mit Beruhigungsgesten und verbalen Erklärungsversuchen beantwortet wird, so entwickelt sich daraus eine Aggressionsform, die als »konditionierte Aggression« bezeichnet wird. Da der Hund mit seinem aufgezeigten Verhalten erfolgreich ist, Sozialkontakt vom Besitzer und positive Zuwendung (Streicheln, beruhigende Worte, Nähe durch kurzgefasste Leine, womöglich Aufnehmen des kleinwüchsigen Hundes auf den Arm) erfährt, wird das Verhalten nicht nur weiterhin gezeigt, sondern es wird die Intensität auf Dauer noch gesteigert!

Eine weitere Ursache für die Verfestigung der Leinenaggression ist die Reaktion des angemaulten Hundes: Vom Abducken und der aktiven Unterwerfung bis hin zum Wegspringen ist alles möglich. Auch dies vermittelt dem Hund, dass sein Benehmen von Erfolg gekrönt ist, er wird zum sogenannten »trainierten Gewinner«. Zeigt der angepöbelte Kontrahent aber keine Reaktion und lässt den Stänkerer »eiskalt abblitzen«, so darf mit Sicherheit mit Kommentaren vom Besitzer wie: »Mein Gott,

was ist Ihr Hund aber aggressiv!« gerechnet werden, während er zügig kopfschüttelnd verschwindet. Wieder hat der »Giftzwerg« den potenziellen »Feind« in die Flucht geschlagen. Somit erfolgt **immer** irgendeine Reaktion, die unsere Fellnase in seinem Handeln bestätigt! Warum also sollte der Hund aufhören zu pöbeln? Geben **Sie** etwas auf, was so viel Erfolg bringt? Mit Sicherheit nicht!

Auch schlechte Erfahrungen, die der Hund an der Leine gemacht hat, steigern die Motivation, das aggressive Verhalten an der Leine zu zeigen. Eine ausgesprochen häufige Aussage, die wir immer wieder in der Hundeschule zu hören bekommen, ist: »Ja, er ist mal von einem schwarzen Hund mit hellen Augen, langem Fell, Stehohren und einem Ringelschwanz, schwarzer Nase und großen Füßen gebissen worden!« Meist lag dies Erlebnis zwar Jahre zurück, doch als Erklärung für jegliches Aggressionsverhalten passt es grad wunderbar ins Konzept. Da ist sie, die einfache Hintergrundgeschichte, die sofort dazu führt, andere Möglichkeiten gar nicht mehr in Betracht zu ziehen oder vermeintlich ziehen zu müssen. Bei längerer und intensiver Nachfrage stellt sich meistens heraus, dass der so fürchterliche Hund dem Eigenen nur eins auf die Nase gegeben hat, weil dieser absolut provokant agierte und im Anfall von Größenwahn seine Grenzen austesten wollte, dabei aber nun an den Falschen geraten war!
Außerdem bleibt von dem angeblichen Beißvorfall nach weiterem Nachfragen nur noch die Aussage übrig, dass es ja eigentlich zu keiner Verletzung gekommen sei, aber seit diesem Ereignis eben ...!

Der Zeitpunkt eines solchen Vorfalls fällt meist in das schon erwähnte jugendliche Alter.

Selbstverständlich gibt es sie, die **wirklich** schlechte Erfahrung an der Leine mit psychischen und physischen Folgen für den Hund. Und ein solches Erlebnis führt leicht zu der Angst, es könne wieder etwas passieren. Der Hund reagiert dann mit der sogenannten Selbstschutzaggression, einem Verteidigungsverhalten, welches die eigene Unversehrtheit garantieren soll getreu dem Motto: »Angriff ist die beste Verteidigung!« Dieses Motto erweist sich in der Realität auch durchaus als stimmig, denn erwiesenermaßen gewinnen 75 % der Angreifer das »Match«, da der Angegriffene völlig überrascht wird und mit der erfolgten Attacke gar nicht gerechnet hat.

Hunde verhalten sich angeleint häufig anders als im Freilauf. Die Leine schränkt das hundeigene Kommunikationsverhalten ein, Unsicherheiten der Menschen wirken sich mit aus. Viele Hunde fühlen sich geradezu verpflichtet, die durch die Leine bestehende, unmittelbare Nähe zum Besitzer zu verteidigen und aggressiv gegen jedes und alles vorzuschießen, was sich ihnen und ihrem Menschen nähert. Zur gezielten Analyse der Ursache für aggressives Verhalten an der Leine empfiehlt sich im Zweifelsfalle auch hier wieder, Beratung und Hilfestellung durch einen erfahrenen Hundetrainer einzuholen, der vor Ort und in persönlicher Zusammenarbeit sinnvolle Maßnahmen mit Mensch und Hund erarbeitet.

Stolperfalle: Verhalten des Besitzers!

Verstärkend auf die pöbelnden Verhaltensweisen des Hundes wirken die Reaktionen des Besitzers. Kaum erspähen sie einen vierbeinigen, vermeintlichen Kontrahenten am Horizont, steigt der Adrenalinspiegel in der weisen Voraussicht: »Gleich geht es wieder los!« Die Leine wird kurz genommen und ist ab sofort unter Spannung, der an der Leine hängende Hund übrigens auch. Mit säuselnden Worten versucht man, die Situation zu entspannen, was aber natürlich nicht gelingt. Das Schlagwort hier lautet **Stimmungsübertragung**: Der Mensch kann Menschen über seine Gestimmtheit hinweg täuschen, einen Hund mit seiner sensiblen Wahrnehmung jedoch nicht! Die Leine ist in einem solchen Fall wie eine »Stromleitung«, die dem eigenen Hund die Information vermittelt, dass Frauchen/Herrchen unter Stress stehen und offensichtlich die Lage nicht unter Kontrolle haben. Dies führt wiederum beim Hund dazu, dass er sich alleingelassen fühlt, keine Unterstützung vom Besitzer erfährt und darum diese Situation in seinem Sinne versucht zu klären. Eine fatale Wechselwirkung!

Beim größeren, kräftigen Hund besteht oftmals die – berechtigte – Sorge der Halter, den Vierbeiner in Begegnungssituationen nicht halten zu können, was auch nicht gerade entspannte Treffen mit anderen Hunden zulässt. Die Aussage mancher Hundetrainer: »Sie müssen ganz ruhig bleiben!«, trifft verständlicherweise auf taube Ohren, da Emotionen, hier die Angst, dieser Lage nicht Herr werden zu können, nicht steuerbar sind.

Wird der randalierende Hund aus Gründen des sichereren Haltens nahe zu seinem Menschen genommen, so erfolgen ungünstige Wechselwirkungen. Der Hund kann sich be- und gestärkt fühlen durch die Nähe zu seinem Sozialpartner Mensch. Wird er auch noch für ihn so unangenehm hochgehalten wie auf dem Bild, so kann dies schmerzhaft sein, was er in den direkten Zusammenhang mit dem Auslöser seiner Reaktion, meist ein anderer Hund, stellt. Zukünftig reagiert er erst recht giftig auf Artgenossen. Ähnlich verhält es sich auch bei der (leider immer noch nicht verbotenen!) Anwendung eines Stachelhalsbandes, aber auch schon bei der Erfahrung mit einem Luft abschneidenden Würgehalsband. All diese unangenehmen Gefühle sind ja kausal mit dem Herannahen eines anderen Hundes verbunden. Auch Übersprungshandlungen, die dann zu Bissverletzungen beim eigenen Besitzer führen, sind denkbar.

Welche Folgeprobleme entstehen können, wenn dem Pöbeln nicht Einhalt geboten wird:

Der Hund stänkert nicht nur Artgenossen an, sondern andere Tiere und auch Menschen

Gerade bei der konditionierten Aggression, der Selbstschutzaggression und durch den »trainierten Gewinner« (das sind u.a. diejenigen Hunde, die sich gezielt schwächere, unterlegene Kontrahenten ausgucken, um bei einer Auseinandersetzung Erfolg zu haben und als Sieger hervorzugehen), wird verständlicherweise versucht, diese erfolgsversprechenden Mechanismen auf jede andere beliebige Situation anzuwenden. Was in Situation A funktioniert hat, sollte doch auch in Situation B anwendbar sein?

Achtung: Die Hemmschwelle zwischen »nur« Pöbeln und ernsthaft zubeißen ist leicht überschritten! Und das ist nicht nur für alle Beteiligten unangenehm, sondern auch folgenreich. Wir verweisen hier auf die rechtlichen Auswirkungen, die ausführlich im Kapitel »Hilfe, mein Hund rennt hinterher« auf S. 59 beschrieben wurden.

Leinenaggression als Spiegel der Mensch-Hund-Beziehung

Hunde, die beim Stänkern an der Leine durch ihren Menschen nicht korrigiert werden (können), erfahren zumeist auch bei anderem negativen Gehabe keine hundeverständliche Korrektur.

Achtung: Wer kennt ihn nicht, den Hund, der zu jedem Hund und zu jedem Menschen hingerichtet sich wild und ungebändigt gebärdet. Schon mit dem Zulassen des Ziehens an der Leine legen Sie unter Umständen die Grundlage für späteres Leinenpöbeln. Behalten Sie stets die möglichen Steigerungsformen des jeweiligen Verhaltens im Auge und beachten Sie die Bedeutung der Redewendung »Wehret den Anfängen« – auch und gerade bei der Entstehung von Unarten!

Tipps zur Behebung des aggressiven Verhaltens an der Leine:

- Der Hund sollte von Jugend an lernen, dass an der Leine kein Kontakt zu anderen, fremden Hunden zugelassen wird. Dadurch erlangen andere Artgenossen für den angeleinten Hund weniger Attraktivität.

Diese Hunde haben nicht gelernt, dass ihnen angeleint kein Kontakt zu anderen Hunden zugelassen wird.

Angeleinte Hunde miteinander spielen zu lassen, kann gefährlich sein, auch und erst recht, wenn die Leinen fallen gelassen werden und sich die Tiere mit ihnen auf- und ineinander fesseln.

Hundebegegnung mit dem Menschen als »Reiz-Barriere« dazwischen.

- Bei manchen Hunden reicht es aus, einen größeren Abstand beim Passieren eines Artgenossens einzuhalten und die Hunde nicht Hund an Hund vorbeizuführen, sondern darauf zu achten, dass der Mensch als Barriere dazwischen geht. Werden beide sich begegnenden Hunde linksseitig im »Fuß« geführt, sollte der zur Pöbelei neigende Hund auf die rechte Seite genommen werden. Hierzu ist es günstig, das Kommando »Rechts« oder »Hand« für die rechte Körperseite des Menschen einzuführen. (s. Seite 80 rechts unten).

- Die beste Möglichkeit, zuerst einmal den Menschen sicherer zu machen, sind positive

Erlebnisse! Mit Hilfe eines Hundetrainers/einer Hundetrainerin sollte herausgefunden werden, welche Distanz der eigene Hund überhaupt (er-)duldet, reaktionslos verarbeitet und bis wann er noch auf irgendwelche Maßnahmen reagiert. Im Falle der Selbstschutzaggression beginnt man mit einer Desensibilisierung. Der Hund wird in kleinsten Schritten und über positive Verstärkung an den auslösenden Reiz gewöhnt und herangeführt; ein Prozess, welcher sich über etliche Wochen und Monate hinziehen kann.

Zur Wahrung der Individualdistanz kann in einem größeren Bogen aufeinander zugegangen und die Konzentration vom anderen Hund weg- und zum Menschen hingelenkt werden.

- Der Besitzer sollte befähigt werden, gelassener reagieren zu können. Wenn er sich sicher ist, seinen Hund halten zu können, wird er in diesen, vormals stressbeladenen Begegnungssituationen souveräner und ruhiger agieren können. Ein gezieltes Arbeiten mit dem »Halti«, einem Kopfhalfter für Hunde, kann hier Wunder wirken. Dieses Hilfsmittel aber bitte nur unter Anleitung eines Fachmanns/einer Fachfrau verwenden, denn es muss angepasst und dem Hund positiv besetzt antrainiert werden. Auch die korrekte Handhabung ist schwerlich aus der Produktbeschreibung zu erlernen und sollte kompetent vermittelt werden.
- Das Kommando »Guck mal« ist in diesem Zusammenhang sehr hilfreich. Der Hund lernt, in Richtung seines Besitzers zu schauen, statt den Hund in der Entfernung zu fixieren und wiederum Angst aufzubauen. Er lernt weiterhin, dass ab sofort Hundebegegnungen, die, wie bereits gesagt, zu Beginn des Trainings mit größerer Distanz stattfinden müssen, eine positive Stimmung auslösen: Hund gesehen, auf »Guck mal« zum Halter geschaut, Leckerchen bekommen. In diesem Falle dürfen die Futtergaben durchaus von sehr hoher Qualität und Attraktivität sein. Im Laufe des Trainings wird die Distanz verringert.

Für manches Mensch-Hund-Team erweist sich auch ein zeitweiliges, durch einen Hundetrainer begleitetes Training mit einem Maulkorb als sinnvoll, da der Mensch dann weiß, dass von seinem Hund keine konkrete Beißgefahr ausgeht, und er daher ruhiger und gelassener reagieren kann. Aus Wut, den vorbeigehenden Hund gerade nicht erwischen zu können, ist nämlich unter Umständen schnell mal in den Arm oder das Bein des Besitzers gepackt. Diese Reaktion wird häufig als Zeichen des hundlichen »Dominanzstrebens« fehlinterpretiert. Doch hat es mit Statusverhalten absolut nichts zu tun, vielmehr handelt es sich hierbei um eine sogenannte Übersprungshandlung.

Werden Hunde auf der hundzugewandten Seite aneinander vorbeigeführt, so hilft das erlernte Kommando »Guck mal«, die Begegnung unproblematisch verlaufen zu lassen, da der Hund zum Menschen guckt und sich auf diesen konzentriert.

- Bei der ersten Reaktion auf den entgegenkommenden Hund, sei es ein Fixieren und / oder »nur« ein Anheben des Körpers, erfolgt ein spontaner Richtungswechsel. Anschließend wird das Alternativverhalten »Guck mal« verlangt und bei Befolgung mit sofortiger Belohnung bestätigt.
  Wenn irgend möglich, sollten in dieser Trainingsphase jegliche Begegnungen auf kurzer Distanz vermieden werden. Lieber ein paar Meter mit dem Auto aus dem gewohnten Hundeauslaufgebiet herausfahren und einen (Trainings-)Spaziergang in ruhiger, reizarmer Umgebung unternehmen. Ein absolutes »Umweltmanagement« ist jedoch nicht möglich, auch wenn manche Trainer es dem Hundehalter suggerieren wollen. Wenn also doch Begegnungen nicht vermeidbar sind, wählen Sie die größtmögliche Distanz zum Entgegenkommenden und nehmen Sie Ihren Hund auf die reizabgewandte Seite.

- Der Hundehalter sollte dem Hund Abbruchsignale vermitteln können. Zum Verhaltensabbruch kann z.B. eine Wasserspritze eingesetzt werden, in extremen Fällen kann auch mit einem sogenannten Negativverstärker wie der Trainings-Disc gearbeitet werden. Die Konditionierung auf die Disc-Scheiben **muss** aber **unbedingt** durch eine fachkundige Person durchgeführt werden und darf niemals vom Hundebesitzer allein versucht werden. Über den Einsatz dieses Hilfsmittel soll ein »Tabuwort« etabliert werden, damit auf Dauer das Hilfsmittel wieder abgesetzt werden kann und allein die Nennung des Tabuwortes zum Verhaltensabbruch führt.

- Gegenkonditionierung: Alternativverhalten wie »Sitz«, »Platz« oder »Steh« werden in Verbindung mit Belohnung zur Bestätigung geübt.

Achtung: Es gibt Hunde, die sich durch das ruhige Verweilen in einer dieser Positionen noch besser befähigt fühlen, den entgegenkommenden »Gegner« zu beobachten, eventuell sogar körpersprachlich zu provozieren. Wie bei allen Übungsvorschlägen müssen die individuelle Haltung des Hundes, die Fähigkeit der Umsetzung des Menschen und die situative Motivation des Tieres, dieses oder jenes Verhalten zu zeigen, sowie die grundsätzliche Ursache für die Reaktion berücksichtigt werden. Fühlen Sie sich überfordert mit der Einschätzung des Gesamten, so erbitten Sie sich Hilfe durch einen Hundetrainer!

Achtung: Ein generelles Ablenken führt zu keinem Lernerfolg! Bekommt der Hund ohne Unterbrechung Futter reingeschoben, so kann er das Geschehen um ihn herum und die Zusammenhänge nicht registrieren! Lassen Sie den Hund die Situation erleben und fordern Sie das Alternativverhalten ein. Wenn er Ihre Anweisung nicht befolgt, wird als Konsequenz das Abbruchsignal, zum Beispiel ein gezielter Stoß aus der Wasserspritze, eingesetzt.

- Bei Leinenpöbeleien muss immer auch die womöglich soziale Motivation, also die direkte Nähe zum Besitzer, als Ursache mitberücksichtigt werden. Deshalb muss auch überprüft werden, ob die Fellnase im Beisein seiner Menschen das Verhalten verstärkt zeigt oder nicht. Um einen, der Problematik angepassten Trainingsplan aufstellen zu können, ist auf diese Information nicht zu verzichten:

  Der Hund wird sicher an einen Pfosten angebunden, sein Mensch stellt sich unmittelbar neben ihn hin. Reagiert der Hund auf die Annäherung eines Kontrahenten nun mit Knurren, Bellen, Nach-vorne-Schießen oder auf sonstige Weise aggressiv, so dreht sich der Zweibeiner ohne Kommentar herum und geht 10 Schritte weg. Ohne Blickkontakt zum Vierbeiner aufzunehmen, bleibt er mit dem Rücken zu diesem stehen und wartet, bis er sich ruhig verhält. Erst dann geht er zu ihm zurück und stellt sich wieder neben ihn. Diese Rückkehr zum Hund wird auf keine Art kommentiert, es wird sich lediglich wieder neben den Hund gestellt. Die Belohnung für das »Ruhigsein« besteht in der wieder hergestellten Anwesenheit des Sozialpartners. Der Hund begreift recht schnell: Mache ich Zirkus, ist mein Sozialpartner Mensch weg, bin ich ruhig, ist er bei mir und ich stehe nicht allein da. Verhält der Hund sich bei erneuter Annäherung eines Kontrahenten friedlich, so bekommt er dann auch noch eine Belohnung.

  Ist es dem Fellkumpan aber völlig einerlei, ob sein Mensch bei ihm ist oder nicht, und randaliert er unbeeindruckt von der Abwesenheit des Sozialpartners beim Anblick des Artgenossens, so scheidet die soziale Motivation als Erklärungsursache aus.

Bitte bedenken:

→ Alles, aber auch alles in der Hundeerziehung benötigt drei Voraussetzungen:

1. Zeit
2. Geduld
3. Konsequenz

Gerade bei der Problematik des Leinenpöbelns darf nicht vergessen werden, dass der Besitzer sehr gut seinen Hund auch durch körperbetonten Einsatz zum Abbruch der unerwünschten Verhaltensweise bringen kann. So wird ein frontales Zugehen auf den Hund mit aufrechter, drohender Körperhaltung oder auch ein Anrempeln durch den Menschen vom Hund durchaus verstanden! Derartige Handlungen sind unter Hunden üblich und werden zur Korrektur untereinander eingesetzt.

Häufig reagieren Hunde an der Leine aggressiv, weil sie die Nähe zum Besitzer verteidigen, also aus einer sozialen Motivation heraus. Ob dies der Fall ist, lässt sich durch einen leichten Überprüfungsaufbau feststellen:

Der Hund wird auf Leinenlänge angebunden, der Besitzer steht daneben. Dann startet ein Helfer mit Hund seinen Weg am zu überprüfenden Mensch-Hund-Team vorbei.

Sobald der Hund zu reagieren beginnt, geht der Besitzer kommentarlos von ihm weg und bleibt mit dem Rücken zum Vierbeiner stehen.

Sozialmotiviert agierende Hunde zeigen sich dann zuerst verblüfft, dann sichtlich verunsichert. Ist der Hund still, geht der Besitzer wieder zurück und stellt sich erneut neben seinen Hund.

Verhält sich der Hund beim erneuten Versuch ruhig und lässt den Artgenossen kommentarlos passieren, lobt der Besitzer ihn und bestärkt das ruhige Verhalten z.B. durch Futter.

Hilfen bei der Hundeerziehung

Das beste Hilfsmittel zur Hundeerziehung haben Sie stets bei sich: nämlich sich selbst! Nutzen Sie Ihre Präsenz, Ihre Ausstrahlungskraft, Ihre Körpersprache, Mimik und Gestik, um Ihren Hund konsequent und vertrauensvoll durch den Alltag zu führen. Dadurch wird Ihr Miteinander exklusiv und individuell.

Handfütterung

Der Hund erhält einen Teil (sollte 50% nicht überschreiten!) seiner täglichen Futterration nicht aus dem Napf, sondern aus der Hand des Menschen. Je nach vorliegender Problematik kann die Fütterung mit der Ausführung bestimmter Anweisungen verknüpft werden (Demonstration von Abhängigkeit). Hierbei »verdient« er sich sein Futter.

Handfütterung kann auch zum Vertrauensaufbau bei unsicheren, menschenscheuen oder erst kurz in der Familie befindlichen Vierbeinern eingesetzt werden. Hier wird anfangs auf direkten Kontakt (auch Blickkontakt) verzichtet und ein reales Gegenüber langsam aufgebaut. Ist das erfolgt, können im weiteren Verlauf durchaus auch Übungen mit eingebaut werden. In diesen Fällen sollte die Handfütterung aber als zusätzliches Angebot angesehen werden, welches bei der Futterration zwar berücksichtigt wird, aber das regelmäßige Futter »frei von Verpflichtungen« nicht ersetzt! Gerade Hunde in (noch) unsicherem Beziehungsstatur zum Menschen müssen die Erfahrung machen (können), dass ihr biologisches Grundbedürfnis nach Nahrung gestillt wird. Das schafft Sicherheit und Bindungsbereitschaft.

Halti

Ein Kopfhalfter für Hunde. Ermöglicht die direkte Kontrolle und Korrektur des Hundes. Angewöhnung und Handhabung müssen durch einen Hundetrainer vermittelt werden. **Niemals ein Halti mit einer Schleppleine verbinden!**

Aus unserer nun 35jährigen Erfahrung mit diesem sehr guten Hilfsmittel können wir feststellen, dass es bei sachgemäßem Gebrauch zu keinen Verletzungen kommen kann.

Hundepfeife

Neutrales Rückrufsignal

Der Hund muss auf die Pfeife konditioniert werden und zuerst lernen:

Pfiff durch Frauchen oder Herrchen = Futter, welches er von diesem bekommt und deshalb zu ihr/ihm zurückkommt.

Negativverstärker

Objekt, welches das Handeln des Hundes mit einem für ihn unangenehmen, erfolgsverwehrenden Signal abbricht, z.B. Wasserspritze, Rappeldose, Wurfkette u.ä.

Positivverstärker

Objekt, welches das Handeln des Hundes mit einem für ihn angenehmen, erfolgsversprechenden Signal bestätigt und belohnt, z.B. Clicker, Futter-Knistertüte u.ä.

> Konditionierung darauf erforderlich!

Schleppleine

Eine 5 bis 10 m lange, dünne Nylon- oder Lederleine ohne Handschlaufe, die vom Hund hinter-

hergezogen wird. Für Konzentrationsübungen sind in Gurtbreite erhältliche Schleppleinen im Gebrauch für Mensch und Hund aber angenehmer. Kann im Haus und außerhalb eingesetzt werden.
Beschränkt den Aktionsradius des Hundes.
Macht den Hund für den Menschen auch aus der Distanz erreichbar

Zimmerkennel/Box

Räumliche Beschränkung, an welche der Hund positiv besetzt gewöhnt werden muss. Verhindert die »freie Entfaltung« des Hundes im gesamten Haus.

Kann unsichere Hunde durch Raumbegrenzung beruhigen.

Zum guten Schluss ...

Auf den vorangegangenen Seiten haben wir dem ratsuchenden Leser einige Tipps zur Behebung diverser Unarten gegeben. Wir haben uns bemüht zu erklären, wie Unarten entstehen, welche Folgeprobleme sich daraus entwickeln können und in welcher Form hundeverständliche Korrektur und Umgewöhnung möglich sind.
Die hier wiedergegebenen Ratschläge entstammen unserer jahrzehntelangen Praxiserfahrung im Mensch-Hunde-Training, erheben aber keinesfalls einen Anspruch auf Vollständigkeit. Jeder Hund ist anders, jedes Mensch-Hund-Team geprägt von Individualität, deshalb können im Rahmen eines solchen Büchleins nur Anregungen und Denkanstöße gegeben werden. Sicherlich lassen sich bestimmte Tipps zu bestimmten Situationen auch kombinieren, austauschen, sinnvoll ergänzen und ausweiten. Probieren Sie einfach aus, was Ihnen und Ihrem Hund in der jeweiligen Problematik am ehesten weiterhilft. Und in ganz speziellen Fällen scheuen Sie sich bitte nicht, sich Rat bei einem kompetenten Hundetrainer Ihres Vertrauens zu holen!
Nobody is perfect – no dog is perfect – no method is perfect.

Danke!

Nicht vergessen werden darf am Ende des Buches auch wieder der Dank an diejenigen Freunde, die uns in unserer Arbeit unterstützt haben und zum guten Gelingen des Manuskripts in Wort und Bild beitrugen:
Hilde, Regina, Sabine, Yvonne, Lektorin Claudia König, Hartmut, Oliver, nicht zu vergessen die Gruppen der Hundeschulen »Tatzen-Treff« und Hunde-Farm »Eifel«, die geduldig für die Fotoshootings zur Verfügung standen. Vielen Dank für Eure Unterstützung!
Und natürlich auch wieder ein dickes Dank-Streicheln an unsere Hunde Momo, Nelly, Odessa, Schnuppe, Inu, Jazz und Lolle für ihre Geduld, wenn uns unsere Arbeit mal wieder am Schreibtisch fesselte und die eigentlich ihnen zustehende Zeit beschränkte.

Quellen und nützliche Adressen

Bloch, Günther:
Der Wolf im Hundepelz, Kosmos Verlag, Stuttgart, 2004

Bloch, Günther:
Die Pizza-Hunde, Buch & DVD, Kosmos Verlag, Stuttgart, 2007

Fischer, Sandra:
Abbruchsignale der Hunde, Diplomarbeit, Juli 2007

Führmann, P., Hoefs, N.:
Das Kosmos Erziehungsprogramm für Hunde, Kosmos Verlag, Stuttgart, 2006

Gansloßer, Dr. Udo:
Verhaltensbiologie für Hundehalter, Kosmos Verlag, Stuttgart, 2007

Immelmann, Klaus:
Wörterbuch der Verhaltensforschung, Paul Parey Verlag, Berlin, 1982

Krivy, Petra/Lanzerath, Angelika:
Was ein Welpe lernen muss, Müller Rüschlikon Verlag, 2009

Leidhold, Joachim:
Die Langnasen – eine Verhaltensstudie, Polux-Video

Leidhold, Joachim/Trumler, Erika:
Das Jahr des Hundes, Teil 1 und 2, Polux-Video

Niepel, Dr. Gabriele:
Hunde beschäftigen im Alltag, Dog-Tale-Movies, Müller Rüschlikon Verlag

Warstat, Victoria:
Zuteilungsbeziehungen und hierarchische Strukturen beim Zugang zur Ressource Futter, Diplomarbeit, März 2008

Wienzeck, Friedrich und Jutta:
Hunde im Paragraphendschungel, Kynos Verlag, 2000

Das große Heinz Erhardt Buch, Fackelträger Verlag, Hannover, 1970

Nützliche Adressen

Hundeschule »Tatzen-Treff«
Petra Krivy
Zur Grube 2
57399 Kirchhundem
Telefon & Fax: 02764 - 7706
E-Mail: info@tatzen-treff.de
www.tatzen-treff.de
Slovensky Cuvac Zucht »vom Wolfshorn« (VDH/FCI), www.cuvac.de

Hundeschule Angelika Lanzerath
Mühlenberg 14
53902 Bad Münstereifel
Tel.: 02257 - 7728
E-Mail: kedvesmomo@t-online.de
www.hundeschule-angelika-lanzerath.de
Kuvasz Zucht »von Anka« (VDH/FCI)
www.kuvasz-von-anka.de

Autorenportraits

Angelika Lanzerath lebte schon als Kind mit Hunden zusammen. Heute sind es immer mehrere Kuvasz-Hündinnen, die sie begleiten. Von der Persönlichkeit dieser ungarischen Herdenschutzhunde fasziniert, züchtet Angelika Lanzerath diese mit großer Passion seit 1980 unter dem Namen »von Anka«. Über 30 Jahre war sie Mitarbeiterin von Günther Bloch; Hunde-Farm »Eifel«. Seit 2016 betreibt sie die Hundeschule Angelika Lanzerath. Sie ist anerkannte Sachverständige und sieht sich als Dolmetscherin zwischen Mensch und Hund. Unzähligen Mensch-Hund-Teams konnte sie schon Hilfestellung geben. Aufgrund der langen Erfahrung in Haltung, Erziehung und Zucht gilt Angelika Lanzerath als Expertin für Herdenschutzhunde. Sie hält bundesweit Seminare und Vorträge zu Themen rund um den Hund.

www.hundeschule-angelika-lanzerath.de

Petra Krivy wird seit Kindheitsbeinen an von Hunden begleitet, vom reinrassigen Langhaardackel »Teddy« über diverse Mischlinge. Anfang 1980 lernte sie die slowakische Hirtenhundrasse Slovenský kennen. Ihr blieb sie bis heute treu, züchtet sie seit 1989 unter dem Namen »vom Wolfshorn«. 1999 begründete sie ihre gewerblich geführte Hundeschule »Tatzen-Treff« im Kreis Olpe, wo sie auch als externe Sachverständige für öffentliche Stellen fungiert. Sie schreibt Fachartikel, ist Buchautorin, gefragte Referentin und Spezialzuchtrichterin im VDH. Als Hundetrainerin widmet sie sich schwerpunktmäßig der Mensch-Hund-Beziehung, leistet Hilfestellung beim Umgang mit verhaltensauffälligen Hunden und gilt seit Jahrzehnten als Expertin für Herdenschutzhunde.

www.tatzen-treff.de

Unsere Erfolgsreihen auf einen Blick

Die Reitschule *(Auswahl)*

Heinrich Bergmann-Scholvien, **Arbeit an der Doppellonge**, ISBN 978-3-275-01805-5
Urte Biallas, **Bodenarbeit**, ISBN 978-3-275-01708-9
Urte Biallas, **Bodenarbeitskurs**, ISBN 978-3-275-02053-9
Kerstin Diacont, **Dressur für Fortgeschrittene**, ISBN 978-3-275-01749-2
Monika Hannawacker, **Zirkuslektionen**, ISBN 978-3-275-01831-4
Angelika Schmelzer, **Pferde erziehen**, ISBN 978-3-275-01709-6
Angelika Schmelzer, **Reiten im Gelände**, ISBN 978-3-275-01748-5
Britta Schön, **Fit für die A-Dressur**, ISBN 978-3-275-02059-1
Sabine Schweickert, **Einstieg ins Turnierfahren**, ISBN 978-3-275-01938-0
Karin Uecker, **Der Reitbegleithund**, ISBN 978-3-275-01969-4
Sigrid Weppelmann/Sandra Mensmann, **Longieren**, ISBN 978-3-275-01727-0
Sigrid Weppelmann, **Basispass Pferdekunde**, ISBN 978-3-275-01750-8
Inga Wolframm, **7 Schritte zum angstfreien Reiten**, ISBN 978-3-275-02054-6

Die Hundeschule *(Auswahl)*

Annegret Bangert, **Begleithund-Prüfung**, ISBN 978-3-275-01779-9
Ann-Sophie Griebel, **Clicker-Training**, ISBN 978-3-275-01714-0
Micaela Köppel, **Spiel und Spaß für jeden Tag**, ISBN 978-3-275-01732-4
Petra Krivy/Angelika Lanzerath, **Darf der das?**, ISBN 978-3-275-01835-2
Petra Krivy/Ann-Sophie Griebel, **Ein Hund aus zweiter Hand**, ISBN 978-3-275-01780-5
Petra Krivy/Angelika Lanzerath, **Was ein Welpe lernen muss**, ISBN 978-3-275-01689-1
Petra Krivy/Angelika Lanzerath, **Hunde verstehen**, ISBN 978-3-275-01756-0
Petra Krivy/Angelika Lanzerath, **Einfach gut erzogen**, ISBN 978-3-275-02082-2
Petra Krivy/Angelika Lanzerath, **Mein Hund im Flegelalter**, ISBN 978-3-275-01810-9
Petra Krivy/Angelika Lanzerath, **Alte Hunde**, ISBN 978-3-275-02036-2
Uta Reichenbach/Tanja Sinner, **Agility**, ISBN 978-3-275-01962-5
Monika Schaal/Ursula Daugschieß-Thumm, **Lockere Leine**, ISBN 978-3-275-01621-1
Julia Schuster/Jochen Schleicher, **Dog Frisbee**, ISBN 978-3-275-01755-3
Karen Uecker, **Hunde spielend motivieren**, ISBN 978-3-275-01998-4
Manuela van Schewick, **Apportieren mit Spaß**, ISBN 978-3-275-01754-6

happy cats

Nina Ernst, **Zufriedene Stubentiger**, ISBN 978-3-275-01760-7
Gabriele Müller, **Miau – Katzensprache richtig deuten**, ISBN 978-3-275-01782-9
Gabriele Müller, **Katzenspiele**, ISBN 978-3-275-01811-6
Annette Thomée, **Gesunde Katze**, ISBN 978-3-275-01839-0
Dayana Winkler, **Katzen-Tricks mit Clicker**, ISBN 978-3-275-01999-1

Jedes Buch mit 96 Seiten,
ca. 80 Abb., broschiert,
je € 9,95/(A) 10,30

Die Hundeschule

Unsere erfolgreiche Ratgeberreihe für alle Hundefreunde

ISBN 978-3-275-01779-9

ISBN 978-3-275-01714-0

ISBN 978-3-275-01732-4

ISBN 978-3-275-01780-5

ISBN 978-3-275-01756-0

ISBN 978-3-275-01810-9

ISBN 978-3-275-01835-2

ISBN 978-3-275-01863-5

ISBN 978-3-275-01962-5

ISBN 978-3-275-01912-0

ISBN 978-3-275-01862-8

ISBN 978-3-275-01623-5

Jedes Buch mit 96 Seiten, ca. 80 Abb., broschiert, je € 9,95/€(A) 10,30

Müller Rüschlikon

Stand Februar 2017
Änderungen in Preis und Lieferfähigkeit vorbehalten.

Überall, wo es Bücher gibt oder
www.mueller-rueschlikon.de
Service-Hotline: 0711-78 992 151